21世纪美国海上力量

西风 编著

中国市场出版社
China Market Press

图书在版编目（CIP）数据

21世纪美国海上力量 / 西风编著. —北京：中国市场出版社，2014.1
ISBN 978-7-5092-1176-2

Ⅰ.①2… Ⅱ.①西… Ⅲ.①战舰 – 介绍 – 美国 Ⅳ.①E925.6

中国版本图书馆CIP数据核字（2013）第311071号

出版发行	中国市场出版社		
社　　址	北京月坛北小街2号院3号楼	邮政编码	100837
电　　话	编 辑 部（010）68034190	读者服务部	（010）68022950
	发 行 部（010）68021338　68020340　68053489		
	68024335　68033577　68033539		
	总 编 室（010）68020336		
	盗版举报（010）68020336		
邮　　箱	1252625925@qq.com		
经　　销	新华书店		
印　　刷	北京九歌天成彩色印刷有限公司		
规　　格	170毫米×230毫米　16开本	版　次	2014年1月第 1 版
印　　张	13	印　次	2014年1月第 1 次印刷
字　　数	260千字	定　价	58.00元

版权所有　侵权必究　　印装差错　负责调换

目录 CONTENTS

当代美国海军　　　　　　　　　1

航空母舰　　　　　　　　　　　12
　"尼米兹"级　　　　　　　　　13
　"艾森豪威尔"号　　　　　　　22
　"卡尔·文森"号　　　　　　　26
　"罗斯福"号　　　　　　　　　29
　"林肯"号　　　　　　　　　　36
　"华盛顿"号　　　　　　　　　38
　"斯坦尼斯"号　　　　　　　　40
　"杜鲁门"号　　　　　　　　　42
　"里根"号　　　　　　　　　　46
　"布什"号　　　　　　　　　　48

巡洋舰　　　　　　　　　　　　50
　"提康德罗加"级　　　　　　　52

驱逐舰　　　　　　　　　　　　64
　"阿利·伯克"级　　　　　　　66

护卫舰　　　　　　　　　　　　84
　"奥利弗·哈泽德·佩里"级　　86

潜艇　　　　　　　　　　　　　96
　"俄亥俄"级　　　　　　　　　98
　"洛杉矶"级　　　　　　　　　110
　"海狼"级　　　　　　　　　　124
　"弗吉尼亚"级　　　　　　　　130

两栖作战舰艇　　　　　　　　　138
　"蓝岭"级　　　　　　　　　　140
　"奥斯汀"级　　　　　　　　　142
　"圣安东尼奥"级　　　　　　　144
　机械和通用登陆艇　　　　　　146
　气垫登陆艇　　　　　　　　　148
　"惠德贝岛"级　　　　　　　　150
　"哈珀斯·费里"级　　　　　　154
　"塔拉瓦"级　　　　　　　　　156
　"黄蜂"级　　　　　　　　　　164
　"美国"级　　　　　　　　　　168
　濒海战斗舰　　　　　　　　　170
　两栖突击车　　　　　　　　　174
　"拉萨尔"级　　　　　　　　　176
　"科罗拉多"级　　　　　　　　177

其他舰艇　　　　　　　　　　　178
　深潜救生艇　　　　　　　　　179
　军事海运司令部　　　　　　　180
　"鱼鹰"级　　　　　　　　　　184
　"复仇者"级　　　　　　　　　185
　"旋风"级　　　　　　　　　　187
　"保卫"级　　　　　　　　　　189
　刚性船体充气艇　　　　　　　191
　巡逻艇　　　　　　　　　　　192
　Mk.V型特种作战艇　　　　　　193
　考察船　　　　　　　　　　　194

附录：当代美国海军主力舰艇　　195

本图:"尼米兹"号航母的前甲板。

当代美国海军

美国海军长远发展的看法总被国防开支削减的趋势所弥绕着，然而，在维持现存前线海军舰艇数量上，美国并未失利。美国海军实力水平的整体构架和对应的造船目标都包含在2011财年长期造船计划书中。这种计划书只能随着国防审评周期每四年全面升级。在考虑了长达30年有效期的计划期间的种种可能，该计划书提出了在长时期内需要322～323艘战斗舰艇的构想。也就是说，就是要在这30年内造276艘舰船，换算一下是平均每年9.2艘。这个计划——和之前类似的计划——引发了相当大的疑虑，意味着冷战结束以来军舰建设率一直未达标。然而，建造新船是必要的，事实上，2012财年的五年造船计划与美国海军的2012财年预算将针对一些比之前的计划还要大的订单。然而，应该指出，大部分的整体进展是通过采购大量相对便宜的小型舰艇，如小型联合高速船（JHSV）运输船和濒海战斗舰（LCS）。

在新成立的亨廷顿英格尔斯工业

上图：美国海军（United States Navy，简称USN或U.S. Navy）是美利坚合众国军的一个分支，负责管理所有与海军有关的事务。其职责为：配备、训练和武装一支有能力赢得战争、阻止入侵和保证海域自由的海军战斗部队。美国海军目前有近32万现役和11万预备役军人，286艘现役舰艇和超过3700架飞机。

下图："小鹰"号航母上的军械人员在为隶属于VF-154"黑骑士"战斗机中队的F-14A"雄猫"战斗机准备目标旗。该旗用于F/A-18C"大黄蜂"战斗机和F-14A"雄猫"战斗机的打靶练习。

公司纽波特纽斯船厂建造的"福特"级航母"杰拉尔德·福特"(CVN-78)号是目前已经下水。无论未来怎样,美国海军购建项目的发展将迈入一条更合理的和可持续的道路。

从新建造的DDG-1000"朱姆沃尔特"级新一代多用途对地打击宙斯盾舰的下水,看出美国海军有意于以较小型的水面舰艇完成修订的"濒海战斗舰艇计划"。洛克希德·马丁公司的和通用动力公司的濒海战斗舰的设计已经批量生产,在随后的几年里,美国海军计划共要购买20艘该型舰艇。这两型战舰的价格为"自由"号(LCS-1)4.37亿美元和"独立"号(LCS-2)4.32亿美元,随着该战船已经有4艘服役,后面战舰的建造费用还有望降低。新造的LCS-5被命名为"密尔沃基雄鹿"和LCS-6被命名为"杰克逊"(LCS-6)。

美国海军近来显著的成功是期待已久的核动力攻击潜艇的订单以每年两艘的速度增加。

协议还批准了使用2011财年的国防经费采购2艘DDG-51型驱逐舰和新的移动登陆舰的目的是作为一个浮动基础实施两栖作战。共有3艘基于"阿拉斯加"商业级的设计舰艇计划在圣迭戈国家钢铁与造船公司的通用动力

下图:索马里外海的"班布里奇"号导弹驱逐舰。2009年4月,它成功地组织了从索马里海盗手中营救美国商船船长里查德·菲利普斯的行动。

上图：2008年11月12日，美国海军"阿利·伯克"Flight II级"米切尔"号导弹驱逐舰驶离英国朴次茅斯港。美国海军决定停止建造更多的"朱姆沃尔特"级导弹驱逐舰，转而采购该型导弹驱逐舰。

上图：2009年4月拍摄的海试中的"乔治·H.W.布什"号航空母舰，它是美国海军"尼米兹"级航空母舰的最后一艘。有些不同寻常的是，它在2009年1月完工之前就正式入役了，但诺斯罗普·格鲁曼公司的纽波特纽斯船厂直到2009年5月11日才将其正式交付美国海军。当月，"布什"号完成了飞行甲板测试，包括第一次进行飞机弹射和回收。

上图：作为美国海军新一代航空母舰，"杰拉德·R.福特"号于2013年下水。

公司建造，总成本约为 15 亿美元。2011年5月27日，国家钢铁与造船公司宣告了第一批两艘战舰的建造合同，将于2015年起开始开工。

在此期间的整体编队和主战舰艇型号总数的暂时稳定，使一些重要的原则性变化笼罩薄雾。因此，这里将美国海军舰种在过去一段时间的主要发展详列如下。

航空母舰：终极"尼米兹"级航母"乔治·H.W.布什"号（CVN-77）于2011年5月11日进行了首次作战部署并驶离诺福克港开始参加在英国撒克逊勇士演习训练。航空母舰的下一代首舰"杰拉尔德·福特"号（CVN-78），在新成立的亨廷顿英戈尔斯工业集团的纽波特纽斯设备公司的建造完工，于2013年下水。新航母与先前的"尼米兹"级航母设计有着相似的船型，并且装备了一系列包括电磁飞机弹射系统（EMALS）、先进的制动装置（AAG）和一个新型双波段有源相控阵雷达在内的新型设备。为了得到这些设备与其他的"第一类"要点，再考虑到材料花费上的合理增长，海军估计将花费至多可达123亿美元的采购成本。正在建造的第二艘"福特"级"肯尼迪"号航母将会拥有更好的重物装载能力，而其下水前的舾装水平也会得到很大提升。在2013年度财政预算中提及的变动的作

下图：2009 年 1 月，美国海军第 10 艘"尼米兹"级航空母舰"乔治·H.W.布什"号从诺思罗普·格鲁曼公司纽波特纽斯造船厂驶出进行第一次海试。

用下，该船的完成工期将会由先前的2020年推迟到2022年，购置成本累计可达114亿美元。

水面战舰：随着老一代冷战时期的舰艇的稳步退役，美国水面战斗舰队在不久的将来会逐渐向由"阿利·伯克"级（DDG-51）驱逐舰和"自由"（LCS-1）与"独立"（LCS-2）级濒海战斗舰组成的双层舰队转变。而剩余的"奥利弗·佩里"级（FFG-7）护卫舰将加速退役。目前，已有4艘于2012年退役。除此之外，海军也计划于2013年进一步退役5艘该级别护卫舰。事实上，现役的"奥利弗·佩里"级护卫舰已不足20艘。在2013年度财政预算中，"提康德罗加"级宙斯盾巡洋舰的数目也会快速减少。其中，将有7艘退役，只剩下15艘保持运行状态。退役的7艘该级别巡洋舰包括了6艘没有配备弹道导弹防御系统的巡洋舰和一艘最新服役的"皇家港"号（2009年在夏威夷附近的一次搁浅中被损毁）。

据悉，最初的62艘"阿利·伯克"级驱逐舰的建造工作已经完成。尾舰"迈克·墨菲"号驱逐舰已提早在2012年10月6日的服役仪式前，于5月份被交付给美国海军。此外，关于

上图：美国"尼米兹"级航空母舰"罗纳德·里根"号。这是"里根"号即将服役前进行舰载清洗系统测试的场面，该系统主要用来清除核生化遗留物。

恢复"Flight IIA"改进型"伯克"级驱逐舰建造工作的决议已经被确认：亨廷顿-英格尔斯工业公司将分到"约翰-芬"号（DDG-113）和"拉尔夫-约翰逊"号（DDG-114）的建造任务，而美国通用动力公司旗下的巴斯钢铁公司将分配到"拉斐尔·佩拉尔塔"号（DDG-115）与"托马斯-哈德那"号（DDG-116）的建造任务。而2017年的财政预算又将计划完成6艘该级驱逐舰的建造，但这6艘将转变为配备有新型防空与反导雷达系统（AMDR）的"Flight III"改进型舰艇。由于20世纪80年代基础的DDG-51型设计将由于过于狭窄而无法容纳新型雷达系统的尺寸与供能要求，但重新设计却会大大增加这份价值25亿美元左右的新舰建造费用预算。预计这份新设计将采用大型"朱姆沃尔特"

级驱逐舰的船体造型结构。

由于成本超支，DDG-1000型驱逐舰的建造项目被减少到了3艘。但是美军已经开始计划对现役驱逐舰进行提升。巴斯钢铁公司在2011年9月15日得到了第二、第三艘DDG-1000型驱逐舰的建造合同。在同年11月，它对第一艘该级别驱逐舰进行了龙骨铺放仪式，"朱姆沃尔特"号目前已经完工下水。在现有计划的设想中，"迈克·A.梅苏尔"号（DDG-1001）将随后于2015年12月完工，而最新命名的"林顿·B.约翰逊"号（DDG-1002）在2018年9月的完工将会结束这三艘驱逐舰十余年的建造工作。

下图：2010年美国海军复编第十舰队，统合指挥网络战争指挥部及其他海军电子作战部门，成为现役第七支舰队及海军网战中枢首脑，属于没有配置任何战斗船舰的特殊舰队编制。

与此同时，随着在2010年谈判定下的多年采购安排中订单的不断下放，至关重要的濒海战斗舰项目进展也十分顺利。2012年3月16日，2012年度财政项目中"自由"级的"小岩城"号（LCS-9）和"苏城"号（LCS-11）的建造合同和"独立"级的"加布里埃尔·吉福德斯"号（LCS-10）和"奥马哈"号（LCS-12）的建造合同分别被洛克希德·马丁公司和美国奥斯塔船厂拿下。此外早年舰艇的建造也按计划进行着：在2012年5月成功完成海军接收测试后，"沃斯堡"号（LCS-3）在2012年9月正式服役；"科罗拉多"号（LCS-4）在2012年1月14日被正式命名。从长远角度来看，"自由"级舰艇极佳的机动性使它能胜任被派往海湾地区的封闭水域与非洲欠发达的海港的工作部

署,而"独立"舰艇更好的持久性与载机能力使它更适合在太平洋地区的开发水域作业。

两栖舰艇:随着最后一艘"奥斯丁"级(LPD-4)两栖船坞运输舰退役,美军两栖部队的力量在过去的一年中缩水很大。"克利夫兰"号(LPD-8)和"杜比克"号(LPD-8)已在2011年退役,但"庞塞"号在最后时刻得以接受改装之前被转为了海上前沿补给基地舰,并于2012年6月1日带着美国指挥中心的任命离开弗吉尼亚州诺福克郡前往非洲海域。至此,12艘原类型的两栖运输舰只剩下"丹佛"号(LPD-9)还在履行它原定的职能。

此外,用以替代的"圣安东尼奥"级两栖船坞运输舰的"圣地亚哥"号(LPD-22)、"安克雷奇"号(LPD-23)和"萨默塞特"号(LPD-23)已服役。

与此同时,韩国现代重工(HHI)在2012年5月31日接到了价值24亿美元的第二艘"美国"级两栖攻击舰"的黎波里"号(LHA-7)的建造合同。与早期该类型舰艇不同,该级新型舰艇以井型甲板为代价换来了能搭载包括F-35B型联合攻击战斗机与

上图:1988年,F-14"雄猫"战斗机编队从航行在地中海上的"尼米兹"级核动力航空母舰"艾森豪威尔"号的上空掠过。"尼米兹"级满载排水量95000吨,属于全方位多用途航空母舰,它综合了"埃塞克斯"级航空母舰的反潜作战能力。第一批3艘"尼米兹"级航空母舰的作战性能与其他航空母舰相比有着明显的差别。

V-22"鱼鹰"式倾转旋翼机在内的加强型载机能力。长257米,满载排水量约为45000吨——这已经超过了美国大部分航母并接近了英国皇家海军"伊丽莎白女王"号航母的规格。"美国"号(LHA-6)两栖攻击舰已在2012年6月4日下水并将于2014年年底交付海军。第三艘未命名的该类型舰艇(LHA-8)的建造计划被推迟到2017年的财政计划中。它将被重新设计以加强内部的入坞能力。

另外的两艘新型机动平台登陆舰的订单也下达，预计将被分别命名为"蒙特福特角"号（T-MPL-1）和"约翰·格雷"号（T-MPL-2）。第一艘船的龙骨已经在2012年1月19日于通用动力公司在圣地亚哥的钢铁造船厂完成铺设，预计将在2015年完工。新船基于商用的"阿拉斯加"级油轮的设计，将由美国军事海运司令部掌控，通过在气垫登陆艇（LCAC）行动中扮演中转枢纽的角色以促进装备与军队从运输舰（例如联合高速运输舰）到海滨的转移。新船在最初的设计中一共会有3条气垫登陆艇跑道。这些跑道还有其他功能。举例来说，它们可以被延长来支持直升机的行动。与此同时，被缩减的联合高速运输舰项目也已开始展现成果：第一艘"先锋"号联合高速运输舰（JHSV-1）在2012年下半年被交付给军事海运司令部之前已于当年4月完成建造方的海试；而价值16亿美元的10艘联合高速运输舰的项目中，第6和第7艘舰艇的订单也在2011年6月4号敲定，另外两艘JHSV-8和JHSV-9的建造合同则于2012年2月定了下来。

潜艇："弗吉尼亚"级攻击核潜艇的建设可以说是美国主要的成功采购项目之一。其中，第9艘该类型潜艇"密西西比"号（SSN-782）提前一年的完工创造了一项新的纪录。该潜艇由美国通用动力电船分公司建造，于2012年5月2日交付，并在一个月后的6月3日正式服役。而第十艘也是最后一艘Flight II型潜艇"明尼苏达"号（SSN-783）在2013年交付使用。此后海军关注的重点将会转移到改进后的Flight III型潜艇上来。该潜艇配备了一个升级后的艏声呐装置与替代了早期潜艇单筒发射管的双筒发射管。2013年度财政预算将会提出建造第7和第8艘Flight III型潜艇的计划。在Flight V型潜艇出现之前，随后的订单都将会用于购买作出轻微改进的Flight IV型潜艇。Flight V型潜艇将会尝试通过安装"弗吉尼亚"级导弹有效载荷组件来复制"俄亥俄"级（SSGN）巡航导弹潜艇的火力模式。这一组件甚至包括了四组额外的至多能发射28颗"战斧"巡航导弹及同等级导弹的大口径发射管。此外，美军还在考虑一个替换这14艘保留有最初的威慑能力的"俄亥俄"级潜艇的计划。但是2013年度的财政预算把向第一艘替代潜艇提供资金的计划推迟到了2021年。这些所谓的SSBN（X）型潜艇将会拥有

上两图：美国海岸警卫队是美国综合海洋能力的一个重要组成部分，正在推进其现代化计划。这是第一艘国家安全巡防舰"伯瑟夫"号正在试航。

相同的导弹舱。而英国用以替换"前卫"级的"继承者"级潜艇采用的也是这种导弹舱。

在"弗吉尼亚"级潜艇到来之前，现役现代化的"洛杉矶"级（SSN-688）潜艇仍然将是美国海军水下能力的核心力量。该级别潜艇的数量在过去的一年中并没有发生改变。但是在缅因州的朴次茅斯海军造船厂，由于在开始改装不久后其前舱在2012年5月23号遭受到了一次严重的火灾，"迈阿密"号潜艇可能会因此宣布完全报废。

从行动上而言，虽然没有了像2011年3月初打击利比亚卡扎菲效忠派部队那样高强度的海军任务，美国海军在过去2012年仍然保持了十分繁忙的状态。海军除了进行日常任务之外，还要为支持长远目标而做出大量努力，特别是在导弹防御项目上。而

下图："提康德罗加"级巡洋舰是美国海军所属第一种配备宙斯盾（AEGIS）系统的作战用舰船，其特色为配备以AN/SPY-1舰用相位阵列雷达为核心的整合式水面作战系统(宙斯盾巡洋舰)。"提康德罗加"级原本被定义为导向导弹驱逐舰（DDG），1980年1月1日被提升为导向导弹巡洋舰（CG）。美国海军共建造过27艘"提康德罗加"级巡洋舰，在美国海军的作战编制上，本级巡洋舰是作为航空母舰战斗群（CVBG）与两栖攻击战斗群的主要指挥中心，以及为航空母舰提供保护。

上图:"俄亥俄"级核潜艇是当代世界上威力最大的核潜艇,它是美国第四代弹道导弹核潜艇。现今,共有18艘"俄亥俄"级潜艇在美国海军中服役,其中14艘为弹道导弹核潜艇,每艘均装备有24枚三叉戟潜射弹道导弹,故这些潜艇也被称为"三叉戟"级潜艇,提供美国贯彻"核三位一体"思想的战略核武器库的海基力量。另外4艘为巡航导弹核潜艇,每艘均能够携带多达154枚常规弹头的战斧巡航导弹。

这其中就包括了对更具能力的标准SM-3型弹道导弹拦截器的Block 1B衍生型进行的测试。

美国海岸警卫队的重组计划也正在继续进行着。新型"传奇"级国家安全舰"巴索夫"号(WMSL-750)的不断到来意味着20世纪60年代的"汉密尔顿"级(WHEC-715)舰艇的退役工作的展开。然而把计划订单中的舰艇从10艘削减到6艘却会造成海岸警卫队舰队"尖端力量"的能力断层。在另一方面,第一艘"哨兵"级快速反应巡逻艇"伯纳德·C.韦伯"号(WPC-1101)已于2012年4月14日正式服役。2011年9月海军宣布下达进一步的4艘舰艇订单,而最终预计美军将建造至多可达58艘的快速反应巡逻艇。这些巡逻艇基于达曼斯坦4708型设计,排水量为350吨左右,最高时速28节,并配有25毫米小炮和重型机枪。此外,招募建造中型近海巡逻艇的投标申请工作也取得了进展。这种近海巡逻艇将会拥有与"传奇"级安全舰相似的武器装备,但采用的却是更为简单的柴油推进装置或柴-电推进装置。在选择好最终的设计方案之后,最高可达80亿美元的资金将被用于建造至多25艘的此类近海巡逻艇。

航空母舰
Aircraft Carriers

航空母舰是美国海军的核心力量，现在美国以10艘（目前）"尼米兹"级核动力航母（CVN）为主要基础力量。这些航空母舰构成了包括护航舰和供给舰的航母战斗群的核心。它们的主要作用是"前沿驻守"。这意味着它们在和平年代针对潜在入侵者提供了一种值得信赖的、持续的、常规的威慑力量，而在战时则构成了美国海外远征部队的战斗核心。实际上，航母的航空力量既可以被部署为独立力量，应对任何海面、陆地和空中威胁，并阻止敌方使用水道，又可以被部署协助地面行动。

本图：在执行完支持"持久自由行动"的部署后，"卡尔·文森"号进入珍珠港水道，轮值休整。

"尼米兹"级

"尼米兹"级核动力航空母舰

起初，首批3艘"尼米兹"级核动力航空母舰主要设计用来替代老式的"中途岛"级航空母舰。作为迄今为止美国建造的吨位大、威力超强的航空母舰，"尼米兹"级拥有两座核反应堆，这与早期的"企业"号核动力航空母舰的8座核反应堆形成了鲜明的对比。"尼米兹"级的弹药库设置在核反应堆中间和前面，这种做法增加了可以利用的内部空间，能够携带2570吨的航空武器和1060万升的飞机燃油，这些物资足够舰载机联队进行16天不间断的飞行作战。此外，该级航空母舰还安装了和"肯尼迪"号完全相同的鱼雷防护装置和电子装置。

在标准条件下，"尼米兹"级的A4W型核反应堆燃料的使用寿命是13年左右，可确保航空母舰行驶1287440～1609300千米，而后才更换反应堆燃料。

作为美国海军主要的兵力投送手段，"尼米兹"级航空母频频出现在世界各个热点地区。

该级航空母舰上的战斗数据系统，是以"海麻雀"导弹的海军战术和高级战斗引导系统为基础进行安装的。此外，"尼米兹"号安装了雷声公司研制的SSDS Mk 2 Mod 0型舰船自我防御系统，该系统通过整合和协调舰载武器系统和电子战系统，能够针对来袭的反舰巡航导弹进行自我防护。

下图：在西太平洋进行的军事行动中，一架F/A-18"大黄蜂"战斗机从"小鹰"号（CV63）的飞行甲板上弹射起飞。

左图：海军第二艘核动力"尼米兹"号航空母舰于 1975 年 5 月 3 日加入现役，设计载机 100 架，是"尼米兹"级航母的首舰。

飞行甲板

飞行甲板的面积为 1.8 公顷（4.5 英亩），安装有 4 台飞机弹射器。在舰尾配置 4 根拦阻索用于回收飞机。通常情况下，飞行员们会瞄准第三条拦阻索进行专业技术训练。甲板下面的机库几乎覆盖整个舰体长度。在该级航空母舰之上，将近一半的舰员从事舰载机联队的工作。航空母舰所搭载的标准舰载机联队由 E-2C "鹰眼" 预警机、EA-6B "徘徊者" 电子干扰机、F/A-18C/D "大黄蜂" 战斗攻击机、F/A-18E/F "超级大黄蜂" 战斗攻击机、H-60 直升机和 S-2B "海盗" 反潜机组成。

升降机和机库

"尼米兹"级航空母舰的飞行甲板设计与"约翰·肯尼迪"号相似，同样有 4 台甲板边缘飞机升降机，扩大了机库顶部空间，使其高达 7.77 米。另外，航空燃料的储存量可达 1059916 公升（280000 美制加仑），同时也扩大了弹药库的容量，可容纳约 2600 吨的飞机弹药，能够使航空母舰进行持续作战。

电子系统

"尼米兹"级配备的电子系统包括：SPS-48E 型三维对空搜索雷达、SPS-49（V）5 型二维对空搜索雷达和 3 部 Mk 91Mod 1 型导弹火控系统指挥仪，舰上还安装有 1 部 SLQ-32（V）4 型电子战系统和 1 部 WLR-1H 型电子战支援系统。

飞机弹射器

"尼米兹"级航空母舰安装 4 座蒸汽弹射器，每台可弹射重量达 37700 千克的飞机，飞行速度达到 91 米/秒，弹射器产生的推力要根据飞机的重量而定。"尼米兹"级的飞行甲板最多能在 60 秒内起飞 4 架飞机。

飞行甲板

"尼米兹"级航空母舰的4台飞机升降机安装在飞行甲板的边缘,其中2台位于航空母舰前部,1台位于右舷岛形上层建筑的后部,1台位于左舷舰艉处。机库高约7.80米,所容纳的飞机数量与其他航空母舰相同。但通常情况下,仅有一半的舰载机停放在机库内,其余舰载机停放在飞行甲板的机位上。飞行甲板面积为333米×77米,其中斜角飞行甲板长237.70米。"尼米兹"级配置4套飞机制动索和1套制动网用于回收舰载机。此外,该级航空母舰还配置了4台蒸汽飞机弹射器,其中2台安装在舰艏位置,另外2台安装在斜角飞行甲板之上。有了这些飞机弹射器,"尼米兹"级每20秒能够起飞1架飞机。

舰载机联队

在21世纪初期,美国海军一支舰载机联队的标准配置为:20架F-14D"雄猫"战斗机(当时承担一定程度的打击任务,现已退役)、36架F/A-18"大黄蜂"战斗机、8架S-3A/B"海盗"、4架E-2C"鹰眼"、4架EA-6B"徘徊者"、4架SH-60F和2架HH-60H"海鹰"直升机。舰载机联队可以根据不同的作战需要采取不同的机型构成。例如1994年在海地附近海域的维和行动中,"艾森豪威尔"号航空母舰上搭载的是50架美国陆军直升机,而非通常的舰载机联队。

"尼米兹"号航空母舰

"尼米兹"号航空母舰是美国建造的第二艘核动力航空母舰,是"尼米兹"级的首船,舷号为CVN-68。该舰由美国纽波特纽斯造船公司建造。1968年6月动工,1972年5月下水,1975年5月服役。最先被编入大西洋舰队,母港为东海岸的诺福克港。"尼米兹"号(CVN-68)参加了1980年的伊朗人质救援行动,在行动中作为美军特种部队的海上基地,但这次行动最终以失败而告终。1981年,"尼米兹"号上的舰载机联队参加了轰炸利比亚的战斗行动。

1983年6月至1984年9月进船厂大修期间,增添和更新了一些设备。1987年,"尼米兹"号从大西洋舰队转隶太平洋舰队,在接下来的10年内多次赴波斯湾和亚洲海域执行部署任

右图：RIM-116型导弹，是反巡航导弹的专用武器。

下图：航空母舰装备的RIM-7"海麻雀"导弹防御武器（"海麻雀"导弹安装在Mk-29八联装发射架上）。

17

左图：防御近距离水面威胁的最好方法无疑是 0.50 英寸（12.7 毫米）机枪，安装在航空母舰的机库部位。

"密集阵"系统

飞行前甲板的两侧安装有"密集阵"近战武器系统，该系统独立于其他舰载武器系统，因此，在其他关键系统因为战斗损伤或舰员无能而无法使用时，"密集阵"系统也能够提供近战防御。AIM-116"拉姆"舰对空导弹发射架安装在前飞行甲板的右舷侧。

动力系统

两座核反应堆可驱动"尼米兹"号的 4 台蒸汽涡轮发动机、4 台应急柴油机，核动力系统能使该舰的速度达到 30 节（56 千米/小时），航程几乎无限。

务。1998年，"尼米兹"号返回诺福克接受一项为期两年的燃料装填和整修工程。

右图：Mk-15型六管20毫米"火神"密集阵近战武器系统属于一套自动化武器系统，是防御导弹和飞机袭击的最后一道屏障。

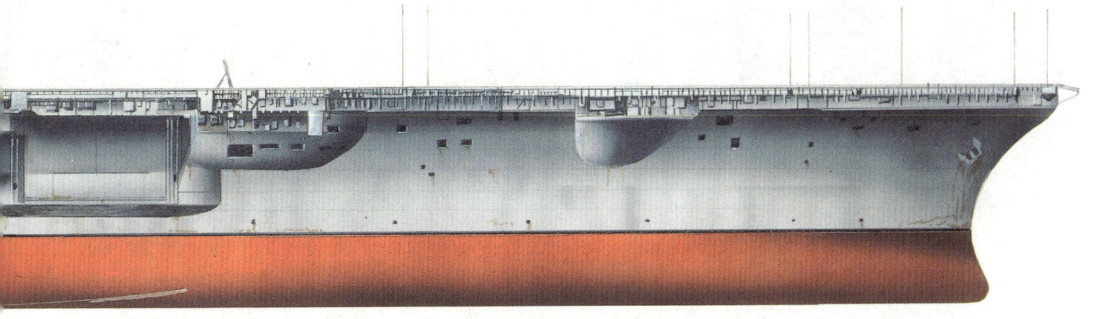

舰员

"尼米兹"号的标准舰员编制大约6000人，搭载可供70天使用的食物，淡水由4套蒸馏设备生产，每天可加工1514160升海水供舰员和动力设备使用。5名牙科医生和6名医生负责舰员的牙齿和医疗服务，还有1名普通外科医生，舰上有53个医用床位，以便在战时发挥医院船的作用。

"尼米兹"号航空母舰性能数据

排水量：81600 吨（标准），91487 吨（满载）

舰体尺寸：长 317 米；宽 40.80 米；吃水 11.30 米

飞行甲板：长 332.90 米；宽 76.80 米

推进系统：2 座 A4W/A1G 型核反应堆驱动 4 台蒸汽涡轮机，输出功率 208795 千瓦，4 轴驱动

航速：30 节

电子装置

1 部 SPS48E 型 3D 对空搜索雷达，1 部 SPS-49（V）5 型对空搜索雷达，1 部 SPS-67V 型对海搜索雷达，1 部 SPS-67（V）9 型导航雷达，5 套飞机降落辅助装置（SPN-41 型、SPN-43B 型、SPN-44 型和 2 套 SPN-46 型），1 部 URN-20 型"塔康"系统，6 部 Mk 95 型火控雷达，1 部 SLQ-32（V）4 型电子支援装置，4 部 Mk36 超级 RBOC 干扰物投放器，1 套 SSTDS 鱼雷防御系统，1 套 SLQ-36 "尼克斯"声呐防御系统，1 套 ACDS 战斗数据系统，1 部 JMCIS 战斗数据系统，4 套特高频和 1 套超高频卫星通信系统

舰载机
最多可搭载 90 架，但目前的美国海军舰载机联队通常为 78~80 架

人员编制
舰员 3300 人，航空人员 3000 人

火力系统
3 座八联装"海麻雀"防空导弹发射架，4 套 20 毫米口径"密集阵"近战武器系统，2 具三联装 320 毫米口径鱼雷发射管

21

"艾森豪威尔"号

"艾森豪威尔"号航空母舰（CVN-69）是美国"尼米兹"级核动力航空母舰里的2号舰。舰名取自美国第34届总统德怀特·D.艾森豪威尔。"艾森豪威尔"号1970年开工建造，1975年下水，1977年开始服役。1977年10月，"德怀特·D.艾森豪威尔"号航空母舰编入美国海军大西洋舰队服役，此后先后8次赴地中海执行部署任务。1990年，伊拉克入侵科威特，"艾森豪威尔"号最早对此做出反应。1994年，赴海地周边海域支援维和行动。接下来，该舰又多次赴波斯湾执行部署任务，支援美国在该地区的外交和军事决策。

"艾森豪威尔"号航空母舰飞行甲板上装有4座供飞机起飞用的蒸汽弹射器。弹射率为每20秒钟1架，7~8分钟即可起飞一个飞行中队。每天能出动200多架次飞机，执行远距离攻击任务。"艾森豪威尔"号采用核动力，因而比其他大型常规动力航空母舰具有更大的战斗效能和威慑力。舰装核燃料可持续使用13年，最大航速33节，持续航行力80万~130万海里。舰载飞机燃料10000吨，可以保证舰载机进行16天的飞行行动。舰上还装备航行补给设备，可在20节的航速下接受补给，补给量为每小时200吨。

上图：水手们在"艾森豪威尔"号航空母舰的甲板上排出"IKE2000"字样，以庆祝在新千年成功完成地中海部署任务。伴行"艾森豪威尔"号的是导弹巡洋舰"安齐奥"号（CG68）和"圣乔治"号（CG71）。

右图：在地中海的常规部署行动中，"艾森豪威尔"号航空母舰的甲板上的 AGM-154 型 GPS 制导武器。

左图:"艾森豪威尔"号司令官坐在舰长椅上,监控在大西洋上的"艾森豪威尔"号和"企业"号之间进行的军火装载和卸载。

本图:"艾森豪威尔"号航行中的尾视图。在飞行甲板下面的船尾甲板有密集阵 20 毫米近程防御武器系统以及喷气引擎试验台。

上图:"艾森豪威尔"号航空母舰发射一枚 RIM-116 全天候舰载防御源滚体导弹。

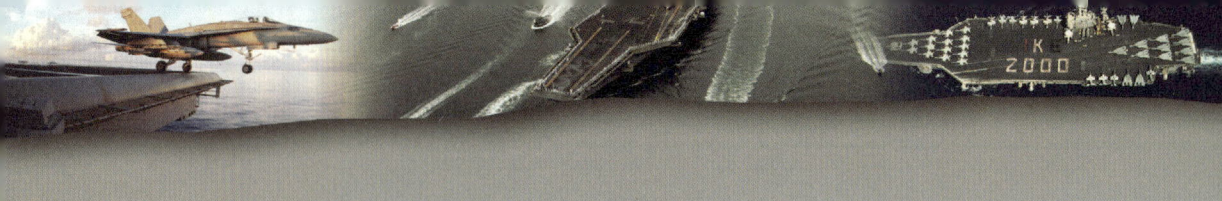

"卡尔·文森"号

　　美国海军"卡尔·文森"号核动力航空母舰1980年以美国国会议员卡尔·文森命名，编号CVN-70，是美国海军"尼米兹"级航母的3号舰。自1982年3月13日服役编入美国海军太平洋舰队以来，"卡尔·文森"号航空母舰（CVN-70）在太平洋、印度洋和阿拉伯海海域已经多次执行部署任务。"卡尔·文森"号还参加了阿富汗战争，并在其中发挥了重要作用。

下图："卡尔·文森"号从香港起航，进入西太平洋的自由集结。这样的军事部署会持续6个月，航母战斗群会进入波斯湾和其他行动区域。

左图：在本幅照片中，停放在美国海军"卡尔·文森"号航空母舰飞行甲板上的飞机数量占到了一支舰载机联队的三分之一。在执行打击任务的舰载机之中，绝大多数飞机不但能够进行空对空作战，还能够实施对地攻击。

下图：在南加利福尼亚海岸附近执行预备部署任务的"卡尔·文森"号航母上。

下图：在执行完"持久自由行动"的部署后，"卡尔·文森"号进入珍珠港水道轮值休整。

本图：在完成一次远征军事部署后，"卡尔·文森"号航母抵达母港——华盛顿的布雷莫顿。

"罗斯福"号

"西奥多·罗斯福"号航空母舰是美国"尼米兹"级核动力航空母舰的4号舰,起造于1981年,于1984年正式下水。西奥多·罗斯福是美国第26任总统。

"罗斯福"号虽然是以"尼米兹"级航空母舰的身份建造的,后6艘改进型"尼米兹"级核动力航空母舰均在关键部位加装了"凯夫拉尔"防护装甲,并装备了经过改进的舰体防护装置。

与前面的3艘"尼米兹"级航空母舰相比,改进型"尼米兹"级的舰宽多出2米,满载排水量超过102000吨(在某些情况下甚至超过106000吨)。在人员编制构成中,舰员3184人(军官203人),舰载机联队人员2800人(军官366人),信号人员70人(军官25人)。

电子战

雷声公司研制的AN/SLQ-32（V）型电子战系统，借助两套天线系统对敌方雷达的脉冲重复速率、扫描模式、扫描周期和频率进行系统分析，能够探测和发现敌方雷达发射机。该电子战系统通过识别威胁类型和方向，为舰载电子对抗系统提供预警信号和界面。

第一艘改进型"尼米兹"级航空母舰是"西奥多·罗斯福"号航空母舰（CVN-71），于1986年10月编入现役，不久后参加了海湾战争。

"罗斯福"号航空母舰性能数据

排水量：81600 吨（标准），91487 吨（满载）

舰体尺寸：长 317 米；宽 40.80 米；吃水 11.30 米

飞行甲板：长 332.90 米；宽 76.80 米

推进系统：2 座 A4W/A1G 型核反应堆驱动 4 台蒸汽涡轮机，输出功率 208795 千瓦，4 轴驱动

航速：35 节

火力系统

3 座八联装"海麻雀"防空导弹发射架，4 套 20 毫米口径"密集阵"近战武器系统，2 具三联装 320 毫米口径鱼雷发射管

舰载机

最多可搭载 90 架，但目前的美国海军舰载机联队通常为 78~80 架

电子装置

（首批 3 艘航空母舰）1 部 SPS48E 型 3D 对空搜索雷达，1 部 SPS-49（V）5 型对空搜索雷达，1 部 SPS-67V 型对海搜索雷达，1 部 SPS-67（V）9 型导航雷达，5 套飞机降落辅助装置（SPN-41 型、SPN-43B 型、SPN-44 型和 2 套 SPN-46 型），1 部 URN-20 型"塔康"系统，6 部 Mk 95 型火控雷达，1 部 SLQ-32（V）4 型电子支援装置，4 部 Mk36 超级 RBOC 干扰物投放器，1 套 SSTDS 鱼雷防御系统，1 套 SLQ-36 "尼克斯"声呐防御系统，1 套 ACDS 战斗数据系统，1 部 JMCIS 战斗数据系统，4 套特高频和 1 套超高频卫星通信系统

人员编制

舰员 3300 人，航空人员 3000 人

内部景观

航母飞行甲板是世界上最撼人心魄同时也是最为危险的工作场所。甲板上的流畅作业有赖于一丝不苟的严苛管理

1. 飞行引导：飞行主控室（Pri-Fly）内，飞行官（左）与助理飞行官（右）负责引导航母飞行甲板及周边 8 千米（5 英里）范围内的所有舰载机。
2. 装备：飞行官与助理飞行官借助各类计算机及通信装备实施飞行引导。
3. 视野：主控室装有可俯瞰飞行甲板的大型玻璃窗，从而可为飞行官提供极佳的视野，有助于对舰载机实施引导。
4. 飞机起落指挥官：返程舰载机在距母舰 1.2 千米（0.75 英里）时便由起落指挥官接掌飞行控制工作，引导战机安全降落于航母甲板。
5. 鹰架：飞行主控室外设有一绰号"鹰架"的外凸平台，舰员可在此俯瞰战机起降全过程。
6. 飞行主控室位于岛式上层建筑中，下面一层便是舰长指挥室。

下图:"西奥多·罗斯福"号航空母舰。

上图:在美国海军"西奥多·罗斯福"号航空母舰(CVN-71)的控制中心内,水兵们正在面板上绘制舰船动态图。

右图:"美洲豹"直升机正在为"西奥多·罗斯福"号补充给养。

"林肯"号

"亚伯拉罕·林肯"号（CVN-72）于1989年11月服役，它所执行的第一项重大任务就是当Pinatubo火山爆发时，从菲律宾撤运出美国军队。

"亚伯拉罕·林肯"号是以带领美国走过南北战争的第16任总统亚伯拉罕·林肯为名，是美国海军第2艘使用该总统名字命名的战舰。第一艘是1960年时下水的"林肯"号（SSBN-602）"华盛顿"级核动力弹道潜艇。"亚伯拉罕·林肯"号是美国海军的第5艘"尼米兹"级航空母舰。1991年5月28日，"亚伯拉罕·林肯"号开赴印度洋，参加海湾战争，在阿拉伯海大约停留3个月时间。

1993年6月15日，"亚伯拉罕·林肯"号离开阿拉梅达港，到香港进行访问，然后开赴阿拉伯海，对伊拉克南部地区执行禁飞任务。

1993年10月8日，"亚伯拉罕·林肯"号开往非洲索马里，协助联合国的有关行动。大约有4个星期的时间，从"林肯"号上起飞的飞机不断地在索马里首都摩加迪沙及其周围地区的上空巡逻，支援地面部队的行动。

上图:"亚伯拉罕·林肯"号上的军火。"伊拉克自由行动"中,在 GPS 制导炸弹被装上飞机前,暂时停放在这里。

上图:"亚伯拉罕·林肯"号。

下图:"亚伯拉罕·林肯"号在结束了近 10 个月的艰苦支持"伊拉克自由"行动的部署后,返回母港——华盛顿州的埃弗雷特。

 "华盛顿"号

"乔治·华盛顿"号（CVN-73）核动力航空母舰，简称为"华盛顿"号，是"尼米兹"级核动力航空母舰的6号舰。"乔治·华盛顿"号于1992年7月服役，2008年编入第七舰队，取代退役的"小鹰"号常规动力航空母舰。以日本神奈川县横须贺为母港的"华盛顿"号，是史上第一艘驻扎于日本境内的核动力舰艇。

上图:"乔治·华盛顿"号核动力航空母舰。从直升机舷窗望出去,正把物资卸载到飞行甲板上。

本图:一架SH-60F"海鹰"在"乔治·华盛顿"号核动力航空母舰上方。

 # "斯坦尼斯"号

"约翰·C.斯坦尼斯"号（CVN-74）航空母舰，是美国"尼米兹"级核动力航空母舰的7号舰，于1993年下水，1995年12月9日正式服役。

"斯坦尼斯"号航母及其舰载第九舰载机联队（CVW-9）的主要任务是在全球军事行动中能够持续地进行战斗任务。CVW-9包括8~9个战斗机中队，使用机种包括F/A-18"大黄蜂"战斗机、EA-6B"徘徊者"电子反制机、S-3B反潜机、E-2C"鹰眼"预警机与SH-60"海鹰"式直升机等。CVW-9具有能够摧毁敌人作战飞机、舰艇、潜艇和陆地目标等装备设施，或者进行远距离空中布雷任务的能力，所以它经常被作为主要的进攻力量，支援陆地战斗，保护航空母舰战斗群和其他友舰的安全，并且还能够完成海上和陆地封锁任务。

本图："斯坦尼斯"号（CVN-74）航母。

在执行任务时"斯坦尼斯"号通常是整个航空母舰战斗群的核心,而战斗群中通常还包含有4~6艘其他的各型军舰作为支援。"斯坦尼斯"号航空母舰最航速高达35节。舰上的4具蒸汽弹射器和4条拦截索可应付作战飞机的起降,而斜向配置的降落甲板与足够大的面积能同时进行战机起飞与降落的任务,大幅提高作战效率。通常情况下"斯坦尼斯"号航空母舰携带大约300万加仑的燃油,主要是供给它的舰载机和护航舰使用,另外它还储藏了大量的武器弹药,以供长时间在海外执行作战勤务的需要。"斯坦尼斯"号具有很强的自我维修能力,舰上配属了一个飞机维修部门以修复中度损坏的飞机,还有一个微电子装备修复部门和几个舰艇维修部门。

 # "杜鲁门"号

"哈里·S.杜鲁门"号（CVN-75）航空母舰是美国"尼米兹"级核动力航空母舰的8号舰，1993年起造，1996年下水，1998年7月编入美国大西洋舰队服役。"杜鲁门"号是以美国第33任总统哈里·S.杜鲁门名字命名。

下图：2003年3月，美国海军"哈里·S.杜鲁门"号航空母舰（CVN-75）在东地中海海域游弋。当时，"杜鲁门"号奉命支援"伊拉克自由"行动，与盟国军队一道参加消除伊拉克的大规模杀伤性武器、终结萨达姆·侯赛因政权的战争。

右图:美国海军发展"海军战斗无人机"项目,主要是为了验证在"网络中心战"(基于网络的指挥与控制作战)的概念下,创建一种可以执行对敌防空压制、打击和监视任务的海军无人战斗航空系统的可行性。

下图:美国海军"哈里·S.杜鲁门"号(CVN-75)飞行甲板的面积相当于3个足球场的大小,所搭载的舰载机联队的规模甚至比一些国家的空军部队还要强大。航空母舰是支撑美国外交政策的强有力的柱石。

左图:停放在"杜鲁门"号航空母舰机库中的 F-14 战斗机在进行维修。

本图:"杜鲁门"号航空母舰。

下图和右图：在伊丽莎白河上，拖船引领"杜鲁门"号航空母舰经过弗吉尼亚的朴次茅斯的旅游酒店，前往诺福克的海军修船厂。

"里根"号

　　"罗纳德·里根"号（CVN-76）航空母舰是美国"尼米兹"级核动力航空母舰的9号舰。"罗纳德·里根"号是以美国第40任总统罗纳德·里根为名，2001年时完工下水时，南希·里根夫人主持了舰船命名仪式。

　　"罗纳德·里根"号的母港为加州的圣地亚哥港，目前隶属于美国太平洋舰队。

本图：正在进行服役前海试的"里根"号经过弗吉尼亚州的福特·斯托里陆军基地的灯塔。

下图：在服役庆典上，F-14"雄猫"战斗机和F-18"大黄蜂"战斗机飞越"里根"号航空母舰。

本图："里根"号（CVN-76）航空母舰。这是即将服役前进行舰载清洗系统测试的场面，该系统主要用来清除核生化遗留物。

 "布什"号

"乔治·H.W.布什"号航空母舰（CVN-77）是"尼米兹"级的最后一艘（后面简称"布什"号）。该航空母舰延续"罗纳德·里根"号（CVN-76）航空母舰的改进，飞行甲板没有初期设想的那样变化巨大，为未来的CVN-78航空母舰设计做铺垫。一些新技术在CVN-77上试用，成熟后将用在下一代航空母舰的建造上。

"布什"号航母于2003年铺设龙骨，2006年举行命名典礼，完成海试后于2009年1月10日在诺福克海军基地举行了服役典礼，开始在美国海军正式服役。

上图：2009年1月，美国海军第10艘"尼米兹"级航空母舰"乔治·H.W. 布什"号从诺思罗普·格鲁曼公司纽波特纽斯造船厂驶出进行第一次海试，该航空母舰是美国海军最后一艘"尼米兹"级航空母舰。

与"里根"号相比，"布什"号进行了实质性的设计改进并采用了若干新技术。例如采用了新的真空海上卫生系统、新的航空燃油分配系统，还有大量新的控制系统和管道材料。这些改进将减少该航母的全寿期费用。

"布什"号使用了更加先进的技术，现代化程度更高。在动力上，舰上两个核反应堆可供军舰连续工作20年而不需要添加燃料。在自身防护方面，无论是水下防护、对反舰导弹的防护，它都更加重视，包括两舷、舰底、机库甲板都是双层船体结构，舰内有数十道水密横舱壁，水下部分有增厚甲板、多层防雷隔舱。在攻击力方面，它可搭载近100架飞机，并拥有多座对空导弹发射系统和近防炮。"布什"号属于向新型航母过渡的航母，体现了更多的最新科技，它拥有更先进的雷达和导航仪器，线缆和天线均采用内置设置，从而更突出了隐身性；它的自动化管理程度更高，舰上一次装载的食物可供全舰6000名官兵食用90天。

巡洋舰
Cruisers

"提康德罗加"号和26艘姐妹战舰,作为美国海军的一个级别的大型水面战斗舰艇,被设计为具有多重任务角色的导弹巡洋舰(CG),可以处理多种来自陆地、空中和水下的威胁。全向雷达阵列及整合的武器系统使得这种巡洋舰可以执行各种海上防御任务,包括保护航母战斗群和两栖舰队。它的灵活性使它既能独立行动也可以作为舰队旗舰。同时,战斧巡航导弹系统也赋予它执行远程打击任务的能力。

本图:从"艾森豪威尔"号上拍摄的驶离美国东海岸的提康德罗加级巡洋舰"圣乔治角"号(CG-71)。

本图:"诺曼底"号(CG-60)宙斯盾导弹巡洋舰在地中海进行一次高速转向时向右舷倾斜。

"提康德罗加"级

美国海军"提康德罗加"级防空巡洋舰是造价低廉、大量建造的先进区域防空平台，它的设计基于具有巡洋舰尺寸的"斯普鲁恩斯"级驱逐舰，经过数年的改进，已经发展成为当代最先进的巡洋舰。"提康德罗加"号最初被定级为驱逐舰，但在1980年又被定级为巡洋舰，舷号为CG-47。美国最初计划建造28艘，里根政府将这一数量增加到了30艘，然后又将其削减到了27艘，都是由英格斯造船厂和巴斯钢铁公司造船厂建造的。"提康德罗加"级巡洋舰的首舰于1983年1月22日正式入役，最后一艘该级战舰"罗亚尔港"号在1994年服役。

"提康德罗加"级是第一批装备"宙斯盾"系统的水面战舰。"宙斯盾"系统是世界上技术最完善、最先进的防空系统，其核心就是SPY-1A型雷达。两对相控阵雷达能够自动探测和跟踪320千米（200英里）之外的空中目标。

防空

"宙斯盾"系统能够通过快速反应火力和干扰抑制手段摧毁来袭导弹，能够消除美国海军战斗群所面临的任何空中威胁。该系统在操纵己方飞机的同时，也能对以本舰为中心的半球区域进行连续扫描监视、目标探测和跟踪，还能够为一个战斗群的所有战舰提供统一的指挥与控制平台。

第一批"提康德罗加"级5艘战舰

左图：在加利福尼亚海岸附近进行的补给行动中，海浪拍打"普林斯顿"号（CG-59），它正从"尼米兹"号航母上接收近100000加仑的JP-5航空燃料。

上图:"安提坦"号(CG-54)进行燃料补给后驶离"卡尔·文森"号航母。

本页大图:"文森斯"号(CG-49)在日本海高速航行。

本图：在"伊拉克自由行动"中，宙斯盾导弹巡洋舰"圣乔治角"号从舰尾垂直发射器中发射一枚BGM-109战斧巡航导弹。

装备2座双联Mk26导弹发射装置，发射"标准"SM2-MR型导弹。这些导弹能够在高强度的电子对抗环境中对付高科技战机以及低空、高空、水面和水下发射反舰导弹的饱和攻击。

从"邦克山"（CG-52）号开始，2座Mk26型导弹发射装置连同弹药库均被2座Mk41型导弹垂直发射装置所取代，这个具有127个发射单元的导弹垂直发射系统能够发射"标准"导弹、"鱼叉"导弹、"阿斯罗克"导弹和"战斧"巡航导弹，该系统为后来几艘战舰提供了强大的防御能力，能够攻击空中、水面和水下目标。

建造"提康德罗加"级巡洋舰主要用来支援和保护航母战斗群和两栖攻击大队，还用来执行封锁和护航任务。从1983年黎巴嫩冲突开始，一直到2001年美军"战斧"巡航导弹轰炸阿富汗，在20年内美国海军大部分的作战中，人们都能够看到该级战舰的身影。

目前，该级巡洋舰的母港设在加利福尼亚州的圣迭戈（7艘）、佛罗里达州的梅港（4艘）、夏威夷州的珍珠港（3艘）、日本的横须贺（3艘）、密西西比州的帕斯卡古拉（3艘）以及弗吉尼亚州的诺福克（7艘）。

技术规格

"提康德罗加"级防空巡洋舰

排水量：满载排水量 9960 吨

舰艇尺寸：舰长 172.80 米；舰宽 16.80 米；吃水深度 9.50 米

动力系统：4 台通用电气公司 LM2500 燃气涡轮，持续总功率为 58840 千瓦（80000 轴马力），双轴推进

航速：30 节（56 千米/时，35 英里/小时）

舰载机：2 架西科斯基公司 SH-60B 型"海鹰"多用途直升机

武器系统：2 座 Mk41 导弹垂直发射系统，配备"标准"SM2-MR、"战斧"巡航导弹以及"阿斯罗克"导弹，2 座四联装"鱼叉"舰舰导弹发射装置，在前 5 艘战舰上，2 座双联"标准"SM2-ER/"阿斯罗克"防空导弹/反潜导弹发射装置配备（68 枚"标准"导弹和 20 枚"阿斯罗克"导弹），2 门 Mk45 型 127 毫米口径（5 英寸）火炮，2 座 Mk15 型 20 毫米口径"密集阵"近战武器系统装备，2 具三联装 324 毫米口径（12.75 英寸）Mk32 反潜鱼雷发射管装置，配备 Mk46 型鱼雷

电子系统：4 部 SPY-1A"宙斯盾"雷达阵列天线，以后的 15 艘战舰上装备的是 SPY-1B 型雷达，1 部 SPS-49 对空搜索雷达，1 部 SPS-55 对海搜索雷达，1 套 SPQ-9A 舰炮火控系统，4 部 SPG-62"标准"导弹射击指挥雷达/照明雷达，1 套 SLQ-32 电子监视系统设备，4 座 Mk36 型干扰物发射装置，1 部 SQS-53 声呐以及 1 套 SQR-19 战术拖曳式阵列声呐系统

编制人数：364 人

本图：宙斯盾导弹巡洋舰"文森斯"号在日本海进行训练演习时的急停动作。

上图:CG-48"约克城"号

本图:在离开加利福尼亚圣迭戈32号街的海军基地码头后,宙斯盾导弹驱逐舰"福吉谷"号(CG-50)出发前往西太平洋进行为期6个月的部署。

上图：CG-52"邦克山"号

本图：在墨西哥湾，一架隶属于美国海军精英飞行表演队"蓝天使"的F/A-18"大黄蜂"战斗轰炸机飞越导弹巡洋舰"托马斯·S.盖茨"号（CG-51）。

本图:在中国东海海域进行为期6个月的军事部署行动的导弹巡洋舰"安提坦"号正航行在波涛汹涌的大海中。

本图:CG-53"莫比尔湾"号

上图：CG-57"香普兰湖"号

上图：CG-55"莱特湾"号

上图：CG-56"圣哈辛托"号

右图：作为按计划进行的为期6个月的部署行动的一部分，正在向地中海航行的"菲律宾海"号（CG-58）巡洋舰与"北极"号并排航行，进行海上补给。

本图：在加利福尼亚海岸附近进行的补给行动中，海浪拍打"普林斯顿"号（CG-59），它正从"尼米兹"号航母上接收近100000加仑的JP-5航空燃料。

本图：CG-60"诺曼底"号

上图：CG-62"切斯蒂维尔"号

上图：CG-61"蒙特里"号

本图：CG-63"考彭斯"号

下图：CG-64"葛底斯堡"号

本图：CG-66"顺化市"号

上图：CG-67"希洛"号 　　　上图：CG-70"伊利湖"号 　　　上图：CG-69"维克斯堡"号

本图：CG-65"乔辛"号

本图：在与12个该地区的国家联合举行的2003年度的波罗的海军事演习中，一艘芬兰的"劳马"级快速攻击艇从正在波罗的海航行的宙斯盾导弹巡洋舰"维拉湾"号(CG-72)的右舷驶过。

上图：CG-73"皇家港"号

上图：CG-68"安齐奥"号

驱逐舰
Destroyers

美国海军目前有两型驱逐舰——导弹驱逐舰（DDG）"阿利·伯克"级和通用驱逐舰（DD）"斯普鲁恩斯"级。尽管前者更为现代化和更具有战斗灵活性，但由于两者都装备有攻击和防御武器系统，所以都可以独立作战或作为航母战斗群、水面舰队、两栖任务集群或海上补给船队的组成部分。现存的通用驱逐舰主要被用来执行反潜作战任务，而导弹驱逐舰则不仅执行这种任务，还承担防空和反舰作战任务。一些斯普鲁恩斯级驱逐舰也装备了战斧巡航导弹系统，以执行通常由导弹驱逐舰承担的远距离打击任务。

本图：导弹驱逐舰"科尔"号（DDG-67）抵达英格斯造船厂4号码头，准备进行维修。之前，在也门亚丁遭受的恐怖袭击给这艘驱逐舰的左舷留下了一个40英尺×40英尺的大洞。

上图：DDG-51"阿利·伯克"号

右图：DDG-55"斯托特"号

上图：DDG-57"米彻尔"号

"阿利·伯克"级

"阿利·伯克"级驱逐舰的首舰"阿利·伯克"号（DDG-51）于1991年7月4日开始服役，并发布了由巴斯钢铁公司造船厂和英格斯造船厂执行的建造计划，目标是取代已经过时的"查尔斯·F.亚当斯"和"法拉格特"级驱逐舰。美国计划建造75艘，到目前服役62艘，其他仍在建造，也是世界上建造数量最多的现役驱逐舰。

"阿利·伯克"级导弹驱逐舰采用燃气涡轮机动力系统，以取代"孔茨"级导弹驱逐舰以及"莱西"级和"贝尔纳普"级导弹巡洋舰。

最初，美国计划建造一艘造价比"提康德罗加"级低廉、作战性能稍差的巡洋舰，结果发展出了一种功能极其强大的多用途战舰——"阿利·伯克"级导弹驱逐舰，采用了非常先进的武器和各种系统。

隐形战舰

"阿利·伯克"号（DDG-51）是美国海军按照隐身要求设计、采用

本图：DDG-53"约翰·保罗·琼斯"号

上图：DDG-54"柯蒂斯·威尔伯"号

隐身技术以减少雷达反射横截面的第一艘大型驱逐舰，其最初任务是对付苏联的飞机、导弹和潜艇。如今，这艘强大的驱逐舰在高威胁地区执行防空、反潜、反舰和攻击作战。

高速舰体

该级战舰采用了新型舰体造型，这种舰型具有极佳的抗风稳定性能，能在恶劣海况下保持高速航行。该舰型具有相当可观的闪光点，水线以上舰体呈"V"字形外观。

"阿利·伯克"级主要采用钢结构，使用了铝制桅杆以减少桅杆顶部重量，在所有机舱和设备控制舱覆盖了"凯芙拉尔"装甲。令人吃惊的是，"阿利·伯克"级所有战舰均装备了一套能够在核生化环境中作战的设备，这在美国战舰史上尚属首次。舰员被限制在舰体和上层建筑内的一个具有保护措施的密闭空间里。

AN/SPY-1D型相控阵雷达在"宙斯盾"武器系统的探测性能方面具有至关重要的作用，尤其在压制敌人电子对抗措施方面具有独特的性能。

"宙斯盾"系统设计用来对抗美国海军舰队和平时期所面临的现实的和潜在的所有导弹威胁。传统的机械式旋转雷达发现目标，主要通过天线对各个阵面发射单元进行360°相位扫描，在此过程中当雷达波束碰到目标时，就能够"看到"这个目标。然后分派一个单独跟踪雷达去跟踪目标。

"宙斯盾"雷达

通过与其他雷达系统对比，可以

看出"宙斯盾"系统将很多雷达的功能集中到一个系统当中。SPY-1D型雷达的4个固定式辐射阵列能够同时向各个方向发射电磁能量波,能够连续不断地搜索、跟踪上百个目标。然后,SPY-1D型雷达和Mk99火控系统导引垂直发射的"标准"导弹在很远距离内截击敌机和导弹。在防御方面,该级战舰升级了"密集阵"近战武器系统。

美国海军计划在2004年之前建造57艘"伯克"级驱逐舰来装备部队,但由于国会预算草案削减经费,导致战舰建造进度表推迟到了2008年。该级战舰唯一应该批评的一点就是,虽然第一批28艘战舰配置了飞行甲板,能够搭载1架西科斯基公司研制的SH-60型直升机,但最初设计时并没有在舰上为直升机提供机库。

第三批经过改进的"阿利·伯克"级Flight ⅡA型驱逐舰装备了一座直升机库,导弹垂直发射系统也增加了发射单元,配备1门新型127毫米(5英寸)口径火炮,通信系统也得到改进。

上图:DDG-52"巴里"号

技术规格

"阿利·伯克"级驱逐舰

排水量：标准排水量 8300 吨，满载排水量 9200 吨

舰艇尺寸：舰长 142.10 米；舰宽 18.30 米；吃水深度 7.60 米

动力装置：4 台通用电气公司制造的 LM2500 燃气涡轮，持续总功率为 77228 千瓦（105000 轴马力），双轴推进

航速：32 节（59 千米/时，37 英里/小时）

舰载机：1 个直升机着陆缓冲垫，2 架西科斯基公司的 SH-60 型直升机，从 DDG79 号开始装备 SH-60R 型直升机

武器系统：2 座四联装"鱼叉"舰舰导弹发射装置（装备在第一批 25 艘战舰），2 座 Mk41 导弹垂直发射系统（第一批 25 艘战舰上混装了 90 枚"标准"SM-2MR 防空导弹、"阿斯罗克"导弹和"战斧"舰舰导弹，后来这些战舰上总共混装了 106 枚导弹），1 门 127 毫米口径（5 英寸）火炮，2 套 20 毫米口径"密集阵"近战武器系统，仅在第三批 Flight IIA 型战舰上装备北约改进型"海麻雀"，2 具三联装 324 毫米口径（12.75 英寸）Mk32 反潜鱼雷发射管（配备 Mk46/50 鱼雷）

电子系统：两对（4 部）SPY-1D"宙斯盾"雷达，1 部 SPS-67 对海搜索雷达，1 部 SPS-64 导航雷达，3 部 SPG-62"标准"导弹射击指挥雷达，1 套 SLQ-32 电子监视系统设备，2 座 Mk36 型干扰物发射装置，1 部 SQS-53C 舰艏声呐，1 部 SQR-19 拖曳式阵列声呐

人员编制：303 ~ 327 人

本图：DDG-56"约翰·S.麦凯恩"号

上图：DDG-58 "拉邦"号

右图：DDG-68 "沙利文"号

上图：DDG-59 "拉塞尔"号

下图：DDG-81 "温斯顿·S. 丘吉尔"号

上图：DDG-82 "拉森"号

左图：DDG-79 "奥斯卡·奥斯汀"号

上图：DDG-80 "罗斯福"号

上图：DDG-83 "霍华德"号

上图：DDG-60 "保罗·汉密尔顿" 号

上图：DDG-61 "拉梅奇" 号

上图：DDG-62 "菲茨杰拉德" 号

上图：DDG-63"斯特西姆"号

上图：DDG-65"本福尔德"号

右图：在阳光和云朵下，"卡尼"号在波斯湾巡游的剪影。

上图：DDG-69"米利厄斯"号

左图：导弹驱逐舰"科尔"号（DDG-67）穿过大西洋，为在地中海地区进行的军事演习作最后准备。

上图：DDG-74"麦克福尔"号

上图：DDG-72"马汉"号

上图：DDG-70"霍珀"号

上图：DDG-71"罗斯"号

左图：导弹驱逐舰"冈萨雷斯"号（DDG-66）在大西洋上进行试航，为即将到来的为期6个月的军事部署作准备。"冈萨雷斯"号驱逐舰隶属于"企业"号航母打击集群。

本图:"宙斯盾"导弹驱逐舰"唐纳德·库克"号(DDG-75)从正在阿拉伯湾航行的"华盛顿"号右的舷机库旁经过。

本图:DDG-73"迪凯特"号

上图:DDG-78"波特"号

本图：DDG-76"希金斯"号

本图：DDG-77"奥凯恩"号

上图：DDG-84"巴尔克利"号

上图：DDG-85"麦坎贝尔"号

上图：DDG-86"肖普"号

上图：DDG-87"梅森"号

本图：DDG-88"霍雷贝尔"号

上图:在北岛海空基地进行的黎明起航仪式上,"马斯汀"号(DDG-89)和新战舰的水手们列队站在战舰上。"马斯汀"号是第39艘"伯克"级导弹驱逐舰,为了表彰著名的为海军服役长达1个世纪的某个家族中的4个成员而命名。

DDG-90"查菲"号

上图：DDG-91 "平克尼" 号　　　上图：DDG-93 "钟云" 号　　　上图：DDG-94 "尼采" 号

上图：DDG-98 "福里斯特·舍曼" 号

上图：DDG-101 "格里德利" 号

左图：DDG-99 "法拉格特" 号

上图：DDG95"詹姆斯·E.威廉斯"号　　上图：DDG-96"班布里奇"号　　上图：DDG-97"哈尔西"号

上图：DDG-103"特鲁斯顿"号

下图：DDG-100"基德"号

上图：DDG-92"莫姆森"号

下图：DDG-102"桑普森"号

上图：DDG-105"杜威"号

上图：DDG-106"史托戴尔"号

本图：DDG-104"斯特雷特"号

上图：DDG-108"韦恩·E.迈耶"号

上图：DDG-107"格雷夫利"号

右图：DDG-109"贾森·邓汉"号

本图：DDG-112"迈克尔·墨菲"号

护卫舰
Frigates

"奥利弗·哈泽德·佩里"级是美国海军现役的护卫舰,并且美国海军没有进一步发展该类战舰的计划。"奥利弗·哈泽德·佩里"号(已退役)于1977年12月17日入役,现在共有30艘姊妹舰仍在服役。该级别的舰艇被设计为导弹护卫舰(FFG),用来保护其他水面舰艇,尤其是两栖打击集群、海上补给舰,以及进行商船护卫任务。护卫舰上装备的雷达和武器系统使它可以执行反潜和防空任务,但是该级别护卫舰缺乏大多数现代美国舰艇所具备的真正的多角色灵活性。

本图:隶属于美国海军护卫舰"塞缪尔·B. 罗伯茨"号(FFG-58)的舰员正注视着抵达的军舰。该舰按计划对隶属于北约地中海地区的海上部队的克里特岛的苏达湾港进行访问。

上图：FFG-28 "布恩" 号

上图：FFG-59 "考夫曼" 号

"奥利弗·哈泽德·佩里"级

英国皇家海军的战舰升级计划提高了"海狼"防空导弹系统的战斗性能（改进了导弹引信装置，改进了雷达和其他光电跟踪设备），用2087型主动声呐替代了2031Z型被动声呐，加装了Mk8 Mod 1型火炮和水面舰艇鱼雷防御系统，并且在其中的7艘舰上装备了"协同作战能力"系统。

在现代美国海军中，"奥利弗·哈泽德·佩里"级导弹护卫舰是建造数量最多的大型战舰，该级战舰设计用来接替"诺克斯"级远洋护航型护卫舰，因此最适用于担当防空作战的任务，反潜和反舰作战是其所担当的辅助性的战术任务。

人们批评该级战舰有着与"诺克斯"级战舰相同的缺点，那就是只有一个螺旋桨和一部"主要武器"（1座Mk13型导弹发射装置）。相反，该舰的Mk92型火控系统具有两个通道（两

本图：FFG-8"麦金纳尼"号

个独立的制导雷达彼此分离），此外还装备有两套附加的239千瓦（325轴马力）功率的发动机/螺旋桨装置，如果战舰的主动力系统受损，这两个附加的动力装置能够让战舰以6节的速度返回。虽然战舰上装备的是SQS-56型舰体近程声呐，但其主要的反潜声呐则是SQR-19型拖曳式阵列声呐。

战斗系统

荷兰研制的Mk92火控系统是该舰战斗系统的一个组成部分，该火控系统非常适合于执行摧毁"突然出现"的来袭导弹的任务。选用意大利制造的76毫米（3英寸）口径火炮，是因为在承担中距离/近距离防空任务时，该型火炮的性能优于美国海军标准的口径5英寸（127毫米）的L/54型火炮。

考虑到造价问题，许多先前的"奥利弗·哈泽德·佩里"级护卫舰并没有进行改装，也没有用2架"兰普斯"Ⅲ型多用途直升机取代最初的2架"兰普斯"Ⅰ型直升机。战舰弹药库上方装备的是铝质装甲，机电舱上方用的是钢质装甲，至关重要的电子系统和指令设备舱上均用的是"凯芙拉尔"塑料装甲。

Mk13型导弹发射装置的弹药库只能够存放"标准"防空导弹和"鱼叉"反舰导弹，因此，战舰的反潜性能只有依靠Mk46型鱼雷和"兰普斯"直升机。

许多早期的"奥利弗·哈泽德·佩里"级护卫舰转交给了美国的盟国，其中，有7艘转让给了土耳其，其中一艘用于拆用配件，4艘转让给埃及，1艘转交巴林，1艘转交波兰，后来于2002年又向波兰和土耳其转交了一批战舰。到21世纪初，该级战舰现存33艘尚在美国海军服役。

在服役生涯的巅峰时期，该级战舰是由"奥利弗·哈泽德·佩里"号、"Mc Inerney"号、"Wadsworth"

上图：FFG-29"斯蒂芬·S.格罗维斯"号

号、"邓肯"号、"Clark"号、"乔治·菲利普"号、"塞缪尔·埃利奥特·莫里森"号、"John H. Sides"号、"Estocin"号、"克利夫顿·布拉格"号、"约翰·阿·莫尔"号、"安特里姆郡"号、"弗赖特雷"号、"法里恩"号、"刘易斯·B.普勒"号、"杰克·威廉姆斯"号、"科普兰"号、"加勒利"号、"马龙·S.泰斯达尔"号、"布恩"号、"斯蒂芬·W.格罗韦斯"号、"里德"号、"斯塔克"号、"约翰·L.霍尔"号、"加莱特"号、"奥布里·菲奇"号、"安德伍德"号、"克罗姆林"号、"库尔茨"号、"柯南道尔"号、"哈里布尔顿"号、"麦克科拉斯基"号、"克拉克林"号、"撒奇"号、"德维尔特"号、"雷恩茨"号、"尼古拉斯"号、"范德格里夫特"号、"罗伯特·G.布拉德利"号、"泰勒"号、"加里"号、"卡尔"号、"哈韦斯"号、"福特"号、"埃尔洛德"号、"辛普森"号、"鲁本·詹姆斯"号、"塞缪尔·B.罗伯特"号、"卡夫曼"号、"罗德尼·M.戴维斯"号和"英格拉姆"号组成。

其他的"奥利弗·哈泽德·佩里"级导弹护卫舰还有澳大利亚皇家海军的6艘"阿德莱德"级护卫舰，它们是"阿德莱德"号、"堪培拉"号、"悉尼"号、"达尔文"号、"墨尔本"号和"纽卡斯尔"号（最后2艘是在澳大利亚建造的）。西班牙拥有6艘在本国建造的"圣女玛利亚"级护卫舰："圣女玛利亚"号、"维多利亚"号、"纳曼西亚"号、"雷纳·索菲阿克斯·亚美利加"号、"纳瓦拉"号和"加纳利亚"号。

本图：FFG-32 "约翰·L.霍尔"号

上图：FFG-33"贾勒特"号

技 术 规 格

"奥利弗·哈泽德·佩里"级导弹护卫舰

排水量：标准排水量 2769 吨，满载排水量 3638～4100 吨

舰艇尺寸：搭载"兰普斯"Ⅰ型直升机的战舰舰长为 135.6 米，搭载"兰普斯"Ⅲ型直升机的战舰舰长为 138.1 米；舰宽 13.7 米；吃水深度 4.5 米

动力系统：2 台通用电气公司制造的 LM2500 型燃气涡轮机，输出功率为 29420 千瓦（40 000 轴马力），单轴推进

性能：航速 29 节，航程 8320 千米（5200 英里）/20 节

武器系统：1 座 Mk13 型单轨导弹发射装置，配备 36 枚"标准"SM-1MR 舰对空导弹和 4 枚"鱼叉"反舰导弹；1 门 76 毫米口径（3 英寸）Mk75 火炮；1 套 20 毫米口径 Mk15"密集阵"近战武器系统；2 具三联装 12.75 英寸（324 毫米）Mk32 型反潜鱼雷发射管，配备 24 枚 Mk46 或者 Mk50 型反潜鱼雷

电子系统：1 部 SPS-49（V）4 或 5 型对空搜索雷达，1 部 SPS-55 对海搜索雷达，1 部 STIR 火控雷达，1 套 Mk92 火控系统，1 套 URN-25"塔康"战术导航系统，1 套 SLQ-32（V）2 电子监视系统，2 座 Mk36"斯罗克"6 管干扰物发射器，1 部 SQS-56 型舰体声呐，（从"安德伍德"号开始装备）1 部 SQR-19 拖曳式阵列声呐

舰载机：2 架 SH-2F"海妖""兰普斯Ⅰ"直升机或 SH-60B 型"海鹰""兰普斯"Ⅲ直升机

人员编制：176～200 人

上图：FFG-38 "柯茨"号

上图：FFG-58 "塞缪尔·B. 罗伯茨"号

上图：FFG-37 "克罗姆林"号

上图：FFG-36 "安德伍德"号

上图：FFG-56"辛普森"号

上图：FFG-39"多伊尔"号

上图：FFG-40"哈利伯顿"号　　　　　　　　上图：FFG-41"麦克拉斯基"号

本图：FFG-42"克拉格林"号

本图：FFG-43"撒奇"号

上图：FFG-47"尼古拉斯"号

上图：FFG-48"范德格里夫特"号

本图：FFG-52"卡尔"号

FFG-46 "伦兹"号

本图：FFG-50 "泰勒"号

上图：FFG-49 "罗伯特·G.布雷德利"号

本图:FFG-53"霍斯"号

上图:FFG-51"加里"号

下图:FFG-54"福特"号

上图:FFG-55"埃尔罗德"号

下图:FFG-61"英格拉姆"号

上图：FFG-57"鲁本·詹姆斯"号

下图：FFG-60"罗德尼·M.戴维斯"号

潜艇
Submarines

美国海军配置有三种潜艇,全都是核动力潜艇,分别是SSBN(弹道导弹核潜艇)、SSN(攻击核潜艇)和SSGN(巡航导弹核潜艇)。尽管攻击核潜艇和巡航导弹核潜艇装备类似的武器,但每一种潜艇从战略到战术都有不同的功能。"俄亥俄"级弹道导弹核潜艇主要装载三叉戟远程多弹头核导弹,它是美国海军战略防御力量的重要标志。攻击核潜艇包括三个级别:"弗吉尼亚"级、"海狼"级和"洛杉矶"级,都可以攻击敌军潜艇、水面船只或陆基目标。巡航导弹核潜艇是由"俄亥俄"级潜艇改造而来的,它可以发射远程战术导弹,也可以部署特种部队,执行秘密任务。

本图:弹道核潜艇"罗德岛"号(SSBN-740)离开乔治亚州的金斯湾,前往大西洋海域执行威慑巡逻任务。

本图:SSGN-726"俄亥俄"号

"俄亥俄"级

作为"本杰明·富兰克林"级和"拉斐特"级核动力弹道导弹潜艇的继任者,美国海军"俄亥俄"级核动力弹道导弹潜艇于20世纪70年代初期开始设计,其中,首艇"俄亥俄"号的建造工作于1974年7月由通用动力公司电船分部承接。然而,由于发生在华盛顿特区和造船厂的一系列令人遗憾的问题,使得"俄亥俄"号直到1981年6月才进行第一次海上试航,直到同年11月才最终服役,比原计划延迟了3年。接下来,有关该级潜艇的生产问题得到了解决,建造进度也大大加快。1997年9月,最后一艘"俄亥俄"级潜艇——"路易斯安那"号也编入现役。在18艘"俄亥俄"级潜艇中,10艘被编入大西洋舰队,8艘编入太平洋舰队,分别装备"三叉戟"ⅡD5型和"三叉戟"ⅠC4型潜射弹道导弹,从1996年开始,"三叉戟"ⅠC4型潜射弹道导弹被更换成"三叉戟"D5型导弹。"三叉戟"Ⅰ型导弹射程7780千米,携带8个再入大气层飞行器,每个飞行器携带一枚爆炸当量10万吨的W76型核弹头。比较大型的"三叉戟"Ⅱ型导弹最多可携载14个再入大气层飞行器,但更多情况下携带的再入大气层飞行器为8个,每个飞行器携带一枚爆炸当量47.5万吨的W88型核弹头。关于"三叉戟"Ⅱ型的具体射程迄今仍是一个机密,但人们推测该型导弹要比"三叉戟"Ⅰ型多出数百英里。

与早期核动力弹道导弹潜艇的16枚潜射弹道导弹的标准配置相比,"俄亥俄"级配置了24枚潜射弹道导

本图:SSBN-732"阿拉斯加"号

本图:SSGN-729"佐治亚"号

弹,每9年重新装填一次核燃料,每次装填燃料历时12个月。"俄亥俄"级潜艇每次的巡航任务持续70天,而后是25天的部署前准备期,它们这个时候往往与潜艇供应舰停放在一起,或者就停靠在码头上,进行必要的维护和补给工作。如今,由于装备了远射程的"三叉戟"导弹系统,"俄亥俄"级潜艇执行巡逻任务时,要么在距离美国本土很近的海域活动,要么就在远离所有国家的大洋深处活动,再加上本身所具备的极其优异的静音性能,几乎所有的反潜手段在它们的面前都会束手无策。

18艘"俄亥俄"级潜艇中,除了"俄亥俄"号和"路易斯安那"号之外,其他的还有"密执安"号、"佛罗里达"号、"佐治亚"号、"亨利·M.杰克逊"号、"亚拉巴马"号、"阿拉斯加"号、"内华达"号、"田纳西"号、"宾夕法尼亚"号、"西弗吉尼亚"号、"肯塔基"号、"马里兰"号、"内布拉斯加"号、"罗得岛"号、"缅因"号和"怀俄明"号。

本图：SSGN-727"密歇根"号

右图：SSBN-736"西弗吉尼亚"号

本图：SSGN-728"佛罗里达"号

上图：SSBN-735 "宾夕法尼亚"号

右图：SSBN-737 "肯塔基"号

下图：SSBN-730 "亨利·M.杰克逊"号

本图：SSBN-733 "内华达"号

本图："俄亥俄"号在干船坞中进行改装。

技 术 规 格

"俄亥俄"级核动力弹道导弹潜艇

排水量：16764 吨（水上），18750 吨（水下）

艇体尺寸：长 170.69 米；宽 12.8 米；吃水 11.1 米

推进系统：1 座 S8G 型压水式自然循环核反应堆，2 台蒸汽涡轮机，输出功率 44735 千瓦，单轴驱动

航速：水面 28 节，水下 25 节

下潜深度：作战潜深 300 米，最大潜深 500 米

武器系统：24 具导弹发射管，发射 24 枚 "三叉戟" ⅠC4 型和 "三叉戟" ⅡD5 型潜射弹道导弹；4 具 533 毫米口径鱼雷发射管，发射 Mk48 型反潜/反舰鱼雷

电子装置：1 部 BPS-15 型对海搜索雷达，1 套 WLR-8（V）型电子支援系统，1 部 BQR-19 型导航声呐，1 部 TB-16 型拖曳阵列声呐，大量的通信和导航系统

人员编制：155 人

1981 年入役的"俄亥俄"号弹道导弹核潜艇使得美国海军拥有了一种隐蔽性极好的水下导弹发射平台。事实上，在苏联强悍的"台风"级核潜艇服役前，"俄亥俄"号一直是世界上最大的潜艇。

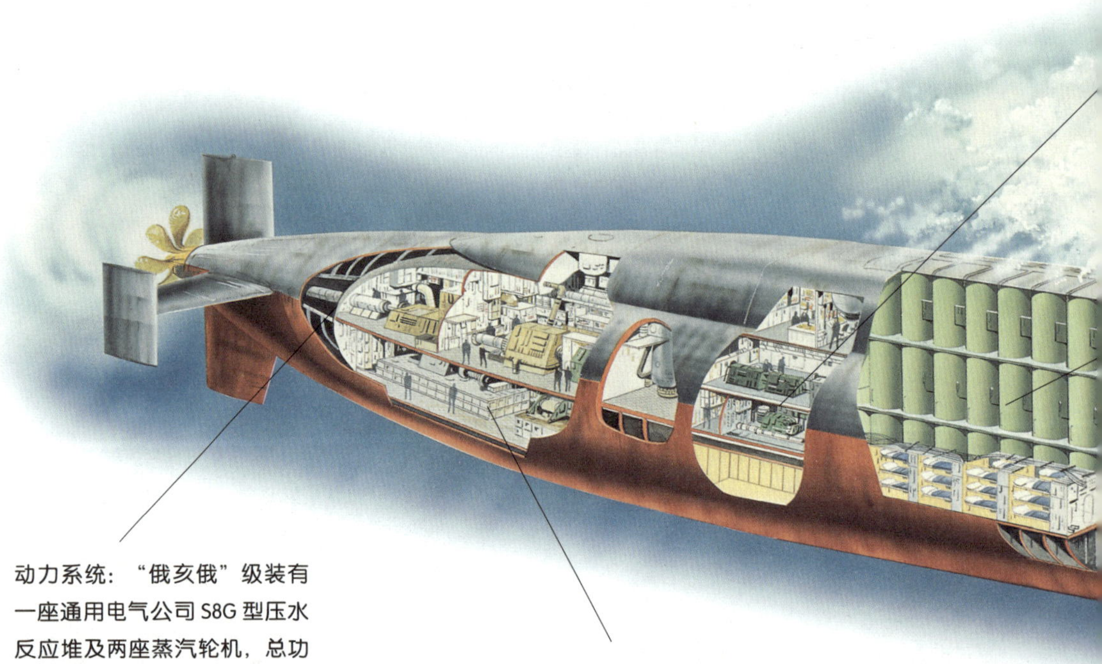

动力系统："俄亥俄"级装有一座通用电气公司 S8G 型压水反应堆及两座蒸汽轮机，总功率 44130 千瓦（60000 轴马力），单轴推进，水面航速超过 18 节，水下航速 25 节。

艇员："俄亥俄"级艇的战略威慑巡航每次共持续 70 天，其间艇上共载有约 170 名艇员。为提升在航率，每艘弹道导弹核潜艇均配备了代号"蓝队"与"金队"的两组艇员，每组艇员均拥有一名艇长。

耐压艇体:"俄亥俄"号的高度流线型外层艇体可大大降低高速潜航时的噪声,内层艇壳则为武器、人员与各类设备提供了充裕的安置空间。

导弹:"俄亥俄"级弹道导弹核潜艇可搭载 24 枚"三叉戟"导弹,每列 12 枚。每枚"三叉戟"导弹包含 12 颗再入式分导核弹头(MIRV),每颗当量 10 万吨,其分导弹头数量已超过了战略武器限制条约(SALT)规定的 8 颗上限。

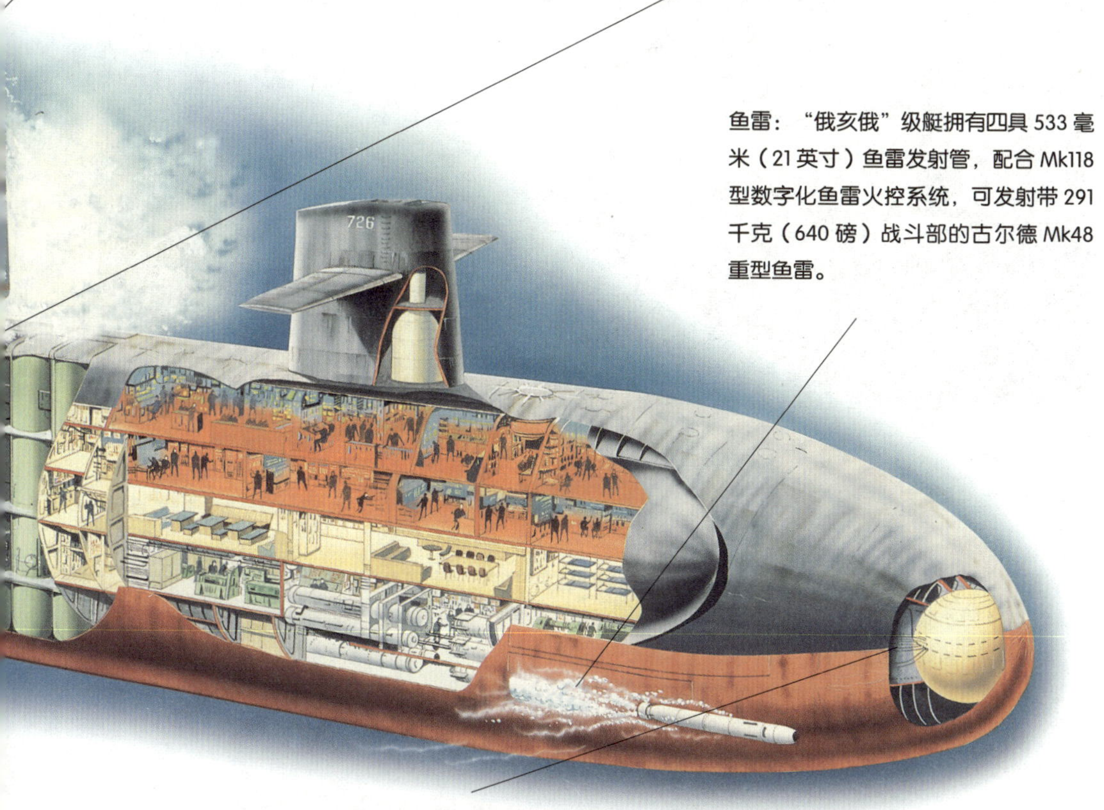

鱼雷:"俄亥俄"级艇拥有四具 533 毫米(21 英寸)鱼雷发射管,配合 Mk118 型数字化鱼雷火控系统,可发射带 291 千克(640 磅)战斗部的古尔德 Mk48 重型鱼雷。

声呐:"俄亥俄"号的声呐系统包括 IBM BQQ6 型被动搜索声呐,雷声 BQS13 型、BQS15 型被动高频声呐以及雷声 BQR19 型导航声呐。

内部布局

复杂紧凑的操艇控制区堪称"俄亥俄"号的神经中枢。在专业艇员的操纵下，潜艇就像在空中翱翔般巡弋潜行。

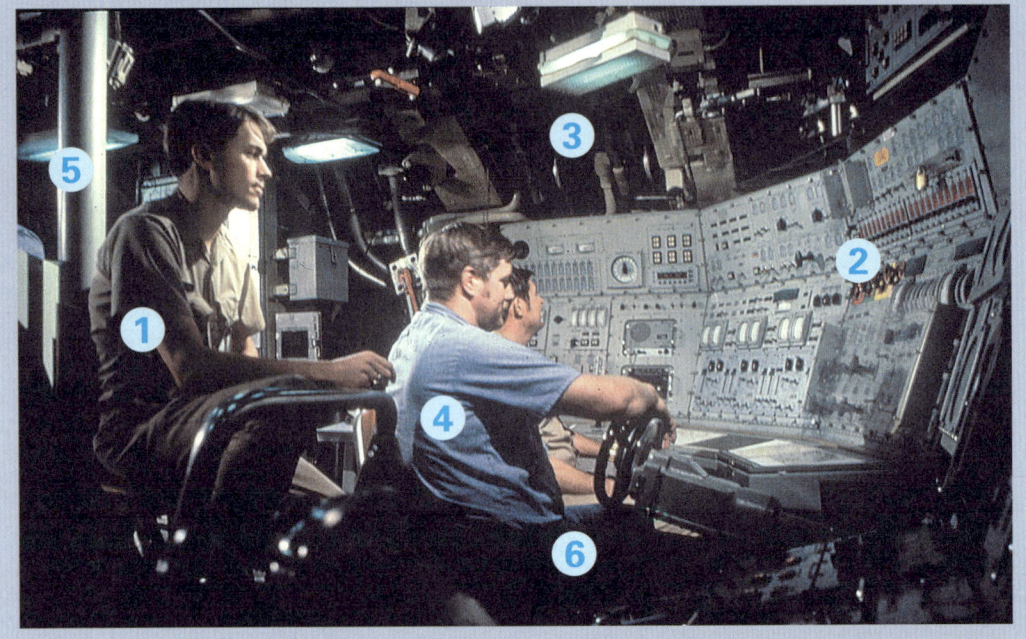

1. 潜水军官：坐在操艇区后侧的潜水军官对前方的方向舵手与升降舵手下达指令。
2. 设备：潜艇需借助大量阀门、水柜及其他设备完成下潜与上浮运动，图中所示即是上述各类仪器的集中操作板面。
3. 手控阀：在突发情况下，艇员可使用位于压载控制板顶端的手控阀门吹除压载水舱储水，使潜艇紧急浮出水面。
4. 方向控制：潜艇的艇艏水平舵与水平尾翼均由一名专职水兵单独操控。
5. 潜望镜：潜艇在水面航行时会产生大量噪声，故而极易遭受攻击，有鉴于此，潜艇上浮前必须先在潜望镜深度观察海面情况，以防万一。
6. 安全带：由于潜艇在水下机动时颠簸剧烈，操艇区的座椅均附有安全带。

上图：1995年1月，"俄亥俄"号在大修结束后回归太平洋舰队第九潜艇大队第十七中队，并再度开始战略威慑巡航。

右图：VLS 发射架

上图：SSBN-738 "马里兰"号

下图：SSBN-739 "内布拉斯加"号

本图：SSBN-740 "罗德岛"号

上图：SSBN-741 "缅因"号

上图：SSBN-743 "路易斯安那"号

本图：SSBN-742 "怀俄明"号

"洛杉矶"级

作为美国海军建造数量最多的一款核动力攻击潜艇,"洛杉矶"级潜艇综合了早期"飞鱼"级潜艇的速度优势和"鲟鱼"级潜艇的先进声呐和武器系统。与以往的核动力攻击潜艇相比,"洛杉矶"级潜艇的尺寸大幅度增加,主要是为了安装基于D2G型反应堆(安装在"班布里奇"级核动力巡洋舰上)发展而来的S6G型压水式反应堆。该型反应堆每10年重新装填一次燃料。最初,"洛杉矶"级潜艇配置BQQ-5型被动/主动搜索和攻击声呐系统,但从"圣胡安"号(SSN-751)开始换装BSY-1型被动/主动搜索和攻击低频声呐系统。"奥古斯塔"号和"夏安"号安装了1部BQG-5D型宽孔径翼侧阵列声呐。为了进行冰层探测,所有"洛杉矶"级潜艇均安装了BQS-15型近距离高频主动声呐。除此之外,该级潜艇还安装了其他一些传感器系统,包括从"圣胡安"号第一个开始安装的水雷和冰层探测规避系统。同样从"圣胡安"号开始安装的还有潜艇消音瓦,并且将水平舵从潜艇艉部转移到了前部。

出色的实战表现

凭借所装备的先进的电子系统,"洛杉矶"级潜艇成为一款非常出色的反潜作战平台。尽管在冰岛附近的一次水下角逐中,一艘苏联潜艇依靠较高的水下速度,非常轻松地摆脱了一艘"洛杉矶"级潜艇的跟踪。然而,对于苏联设计的大多数核动力潜艇,"洛杉矶"级潜艇有着相当高的探测和跟踪成功率。"洛杉矶"级潜艇上先进的BQQ-5

本图:SSN-701"拉霍亚"号

本图：SSN-698 "布雷默顿"号

型系统曾成功地探测到2艘苏联"V"级潜艇并与它们保持很长一段时间的接触。

该级潜艇装备了一套威力非常强大的武器系统，其中的"战斧"战术巡航导弹的射程在900~1700千米之间。如今，该型导弹的最新版本是"战斧"C型和D型战术巡航攻击导弹，前者可携带1枚454千克的弹头，后者能够将弹药载荷投送到900千米开外的目标区。此外，还可以用318千克重的聚能装药弹头替代标准配置的烈性炸药弹头。为了克服弹药储量有限的问题，从"普罗维登斯"号潜艇（SSN-719）开始，所有该级潜艇均安装了1套垂直发射系统。在该套系统中，用来发射"战斧"导弹的发射管安装在声呐天线后面的耐压艇体外部。尽管"战斧"巡航导弹可以携带核弹头，但在今天的实战中很少这样做。

此外，"洛杉矶"级潜艇还可以携带533毫米口径的Mk48型主动/被动自动寻的鱼雷。该型鱼雷配置一个267千克的弹头，应用有线制导，射程达到50千米时采取主动模式，射程在38千米左右时使用被动模式。每艘"洛杉矶"级潜艇可携带26枚Mk48型鱼雷，或者携带14枚Mk48型鱼雷和12枚"战斧"战术巡航导弹。从服役至今，"洛杉矶"级潜艇先后参加了海湾战争、科索沃战争和阿富汗战争，实战使用效果颇为出色。更为重要的是，该级潜艇始终没有中断在冰层下面的作战行动，2001年年中时，"斯克兰顿"号潜艇（SSN-756）曾冲破北极冰盖浮出水面。迄今为止，已经有11艘"洛杉矶"级潜艇退出现役。

本图：SSN-700"达拉斯"号

上图：SSN-699"杰克逊维尔"号

上图：SSN-711"旧金山"号

技 术 规 格

"洛杉矶"级

类型：核动力攻击潜艇

排水量：6082 吨（水面），6927 吨（水下）

艇体尺寸：长 110.34 米；宽 10.06 米；吃水 9.75 米

推进系统：1 座 S6G 型压水式反应堆，2 台蒸汽涡轮机，输出功率 26 095 千瓦，单轴推进

航速：水面 18 节，水下 32 节

下潜深度：作战潜深 450 米，最大潜深 750 米

鱼雷管：4 具 533 毫米口径鱼雷发射管，配备包括 Mk48 型鱼雷在内共 26 枚鱼雷；潜射"鱼叉"和"战斧"导弹；（从 SSN-719 号潜艇开始）12 具外置"战斧"战术巡航导弹发射管（目前携带的是"战斧"C 型和 D 型战术巡航导弹）

电子装置：1 部 BPS-15 型对海搜索雷达，1 部 BQQ-5 型或 BSY-1 型被动/主动搜索和攻击低频声呐，1 套 BDY-1/BQS-15 型声呐天线，1 部 TB-18 型被动拖曳阵列声呐，1 套水雷冰层探测规避系统

人员编制：133 人

本图：SSN-705"科珀斯克里斯蒂城"号

本图：SSN-706"阿尔伯克基"号

上图：SSN-765 "蒙彼利埃"号

上图：SSN-713 "休斯敦"号

下图：SSN-714 "诺福克"号

本图：SSN7-15 "布法罗"号

上图：SSN-717"奥林匹亚"号

左图：SSN-719"普罗维登斯"号

右图：SSN-724"路易斯维尔"号

本图:SSN-723"俄克拉荷马"号

上图:SSN-762"哥伦布"号

左图:SSN-722"基韦斯特"号

右图:SSN-725"海伦娜"号

上图：SSN-751 "圣胡安"号

上图：SSN-721 "芝加哥"号

上图：SSN-720 "匹兹堡"号

左图：SSN-750 "纽波特纽斯"号

本图：SSN-752"帕萨迪纳"号

本图：SSN-753"奥尔巴尼"号

本图：SSN-754"托皮卡"号

右图：SSN-763"圣菲"号

上图：SSN-758"阿什维尔"号

上图：SSN-767"汉普顿"号

本图：SSN-757"亚历山德里亚"号

上图：SSN-761"斯普林菲尔德"号

本图：SSN-755"迈阿密"号

上图：SSN-764"博伊西"号

本图：SSN-756"斯克兰顿"号

内部布局

作为潜艇潜航时的耳目,"洛杉矶"级艇的声呐舱可对各种艇载探测设备的数据信息进行综合处理。

1. 舱面值班员:每架控制台均由一名资深技术人员负责操纵,并由舱面值班员负责监督。
2. 控制台:声呐舱的主体部分即是遂行各类具体任务的操纵控制台。
3. 照明:照明灯色可随具体环境的变化而进行调整,其中以蓝色为常规灯色。
4. 模式:声呐监测包括两种模式,潜艇在"主动"模式下自行发射声波信号,并由操作员负责计算频次并加以分析。
5. 拖曳式声呐:拖曳声呐是一种被动式"细线"列阵,可用于探测远距离低频噪音。
6. 截听接收器:声学截听接收器可在主动声呐启动时给艇员以提示。

本图：SSN-772"格林维尔"号

上图：SSN-773"夏延"号

左图：SSN-759"杰斐逊城"号

本图：SSN-769"托莱多"号

上图：SSN-771"哥伦比亚"号

上图：SSN-760"安纳波利斯"号

上图：SSN-766"夏洛特"号

主机："洛杉矶"级装有一座通用电力公司S6G型核反应堆，从而将压力热媒水输往蒸汽发生器，进而驱动蒸汽轮机运转。

制氧系统："洛杉矶"级艇拥有一整套复杂的空气调节装置，其中电解氧气发生器可使潜艇在无通风情况下长期潜航。

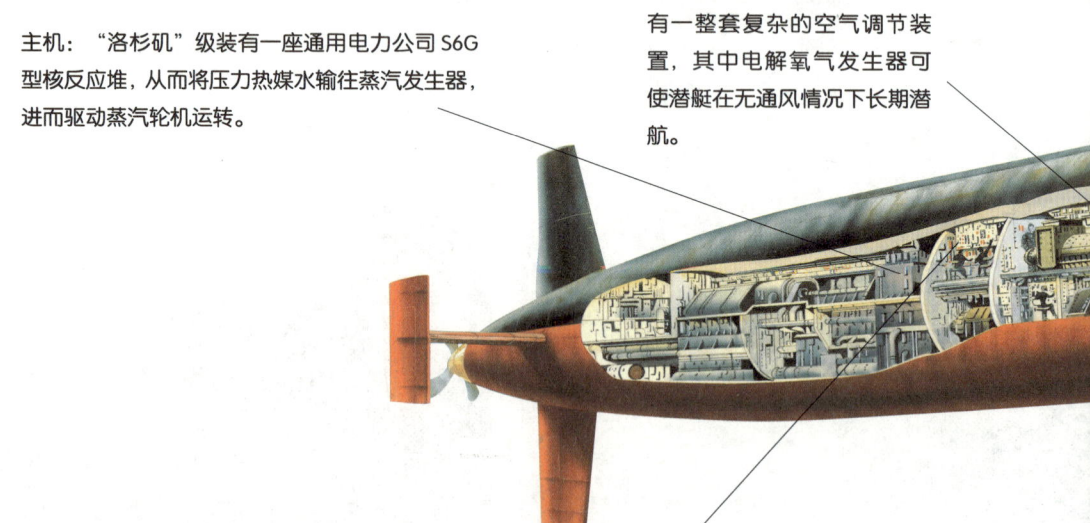

隔舱："洛杉矶"级核潜艇拥有两大水密隔舱。前段隔舱主要供艇员居住、弹药提送及中央操控。后段隔舱主要用于安设艇上大部分机械动力系统。

本图：SSN-770"图森"号

本图：SSN-768"哈特福德"号

声呐："洛杉矶"级艇装有BQR-15型被动拖曳声呐列阵，平时收贮于左舷艇壳导管的一个函道中，通过安置于左水平舵内的管道进行施放。

武备："洛杉矶"级核潜艇约可装载25枚各类弹药，同级各艇均可使用鱼雷发射管发射"战斧"巡航导弹。后31艘"洛杉矶"级艇"战斧"。

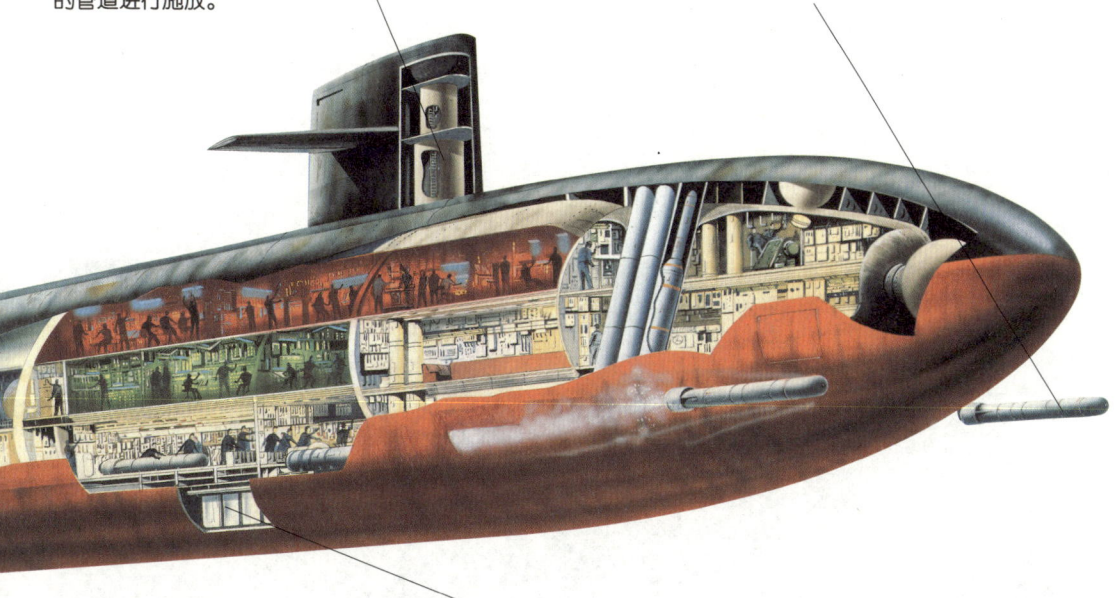

特种作战设备：部分"洛杉矶"级艇可通过先进海豹潜水载具系统（ASDS）或干燥甲板掩蔽舱（DDS）运载"海豹"特种突击队。

123

"海狼"级

美国海军"海狼"级潜艇是世界上性能最先进但同时又是造价最昂贵的核动力攻击潜艇。在计划建造的12艘该级潜艇中,首艇"海狼"号于1989年开工建造,是30年以来美国设计的一款完全新型的潜艇。1991年,整个"海狼"级潜艇的造价预计达到336亿美元,占到整个海军建设预算的25%,因此成为美国海军有史以来最昂贵的造舰项目。当时,美国海军曾打算再建造17艘"海狼"级潜艇,但是随着苏联的解体和冷战的结束,美国的政治家们开始质疑是否有必要继续发展这种造价高昂的超级静音潜艇。最终,"海狼"级潜艇的发展计划在建造到第三艘时就戛然而止了,代之以对现有的51艘"洛杉矶"级潜艇进行更新换代。

自从1945年至20世纪80年代中期,美国海军长期占据着对于苏联海军的技术优势地位,但由于间谍活动以及美国的一些盟国与苏联之间的贸易往来,这种优势被逐渐削弱。美国海军之所以设

本图:SSN-21"海狼"号

本图:SSN-23"吉米·卡特"号

计和建造"海狼"级潜艇,正是为了重新恢复这种技术优势。根据设计,"海狼"级潜艇的下潜深度比现役任何一种美国潜艇都要大,并且能在北极的冰盖下面作战。与此前使用HY-80型钢材建造的潜艇相比,"海狼"级潜艇在建造时采用了HY-100型钢材,这种钢材曾经用在20世纪60年代的实验型深潜器上,质地非常优异。此外,为了连接艇体的不同部分,"海狼"级还应用了新型的焊接材料。"海狼"级潜艇最重要的优势在于其无与伦比的静音性能,即使以很高的战术速度进行航行时也毫不逊色。在通常情况下，为了躲避被动式声呐阵列的探测，绝大多数潜艇需要将航速至少降低到5节左右，而"海狼"级则不然，它们即使以20节的速度航行，也很难被敌方发现。

静音性能

美国海军曾经这样描述"海狼"级潜艇极其优异的静音性能："海狼"级潜艇的静音性能是改进型"洛杉矶"级潜艇的10倍，是早期"洛杉矶"级潜艇的70倍。此外，美国海军甚至做出一种更加令人瞠目结舌的比较：一艘"海狼"级潜艇即使以25节航速行进，它所产生的噪声也比一艘停靠在码头的"洛杉矶"级潜艇要小。然而，在"海狼"级潜艇的建造和海试期间，由于音响面板出现故障等原因，还是出现了一些噪声方面的问题。

"海狼"级潜艇的双层甲板鱼雷舱内配置8具鱼雷发射管，能够同时对付多个目标。如今，"海狼"级潜艇昔日的目标——抛锚在摩尔曼斯克和符拉迪沃斯托克港口内的苏联核潜艇，正在日复一日地逐渐锈蚀，而"海狼"级凭借着出色的隐身接敌性能，越发受到美国海军的珍爱和器重。2001年12月，第三艘同时也是最后一艘的"海狼"级潜艇"吉米·卡特"号服役，它的艇身加长了30.5米，专门用来搭载蛙人输送艇和战斗蛙人，8名蛙人及其作战装备通过一具内置发射管进行投送。

武器系统

3艘"海狼"级潜艇均能够发射"战斧"式战术对地攻击巡航导弹，同时还配置了8具660毫米口径的鱼雷发射管，可携带总数50枚的鱼雷和导弹，或者可携带100枚水雷。据信，该级潜艇未来将能够携带、投射和回收无人水下航行器。"海狼"级潜艇装备了非常先进的电子系统，其中包括1套BSY-2型声呐系统（由1部主动或被动声呐阵列和1部宽孔径被动侧翼声呐阵列组成）、TB-16型和TB-29型监视和战术拖曳阵列、1部BPS-16型导航雷达和1部雷声公司研制的Mk2型武器控制系统。此外，该级潜艇还配置了包括WLY-1型先进鱼雷诱饵系统在内的电子对抗系统。

"海狼"级潜艇有着强大的机动能力，并且为未来的武器系统升级提前预留出了足够的空间。尽管拥有威力强大的武器系统、极其优异的静音性能以及先进的电子装置，但"海狼"级潜艇迄今尚未参加过真正的战斗。

技 术 规 格

"海狼"级

类型：核动力攻击潜艇

排水量：8080 吨（水面），9142 吨（水下）

艇体尺寸：长 107.6 米；宽 12.9 米；吃水 10.7 米

推进系统：1 座 S6W 型压水式反应堆驱动蒸汽涡轮机，输出功率 38770 千瓦

航速：水面 18 节，水下 35 节

下潜深度：487 米

鱼雷管：8 具 660 毫米口径鱼雷发射管，50 枚"战斧"巡航导弹和 Mk48 型鱼雷，或者 100 枚水雷

电子装置：1 部 BPS-16 型导航雷达，1 部 BQQ-5 型声呐系统（配置艇艏球形主动/被动声呐阵列），TB16 型和 TB29 型监视和战术拖曳阵列声呐，1 部 BQS-24 型主动近程探测声呐

人员编制：134 人

下图：SSN-22 "康涅狄格"号

左图:"海狼"号(SSN-21)正于水面高速航行。艇艏迸溅四散的巨大浪花昭示出这样一个事实:核潜艇真正的理想航行环境是在深海而非海面。

艇体:"海狼"级潜艇的建造有赖于一种可将钢材组合为耐压钢板、艇体分段及大型圆柱构件的新型焊接材料。该级艇的艇壳完全由HY-100型高耐压钢建造,而此前的美国潜艇的艇壳材料则是上一代HY-80型钢。

电子设备:"海狼"号的电子设备一方面可升级为海军战斗群信息处理中心,一方面还可快速切换至陆战支援角色

潜望镜:"海狼"号拥有两具主潜望镜,其指挥台围壳为在北极冰盖下活动而作了特别加强。

主机:"海狼"号装有一座S6W型反应堆,该艇水下噪声极小,故而拥有很高的战术速度(即指潜艇在特定状态下的潜航速度,在维持战术速度时,潜艇应能有效追踪敌方潜艇同时确保不被发现)。

武备:为同时对付多个目标,"海狼"号拥有八具鱼雷发射管及双层鱼雷舱,其鱼雷管数量比前代"洛杉矶"级艇多一倍,弹药舱则要大出三分之一。

特种作战舱室:"海狼"级三号艇"吉米·卡特"号拥有可支援特种作战部队的干燥甲板掩蔽舱(DDS)及先进海豹输送系统(ASDS)。前者为一种背负于潜艇上方的气力输送装置,可用来收贮并施放蛙人载具以及战斗蛙人。

128

内部布局

核动力潜艇通常拥有两个逃生舱,艇艏艇艉各一个。逃生舱内一次可容纳两名艇员。

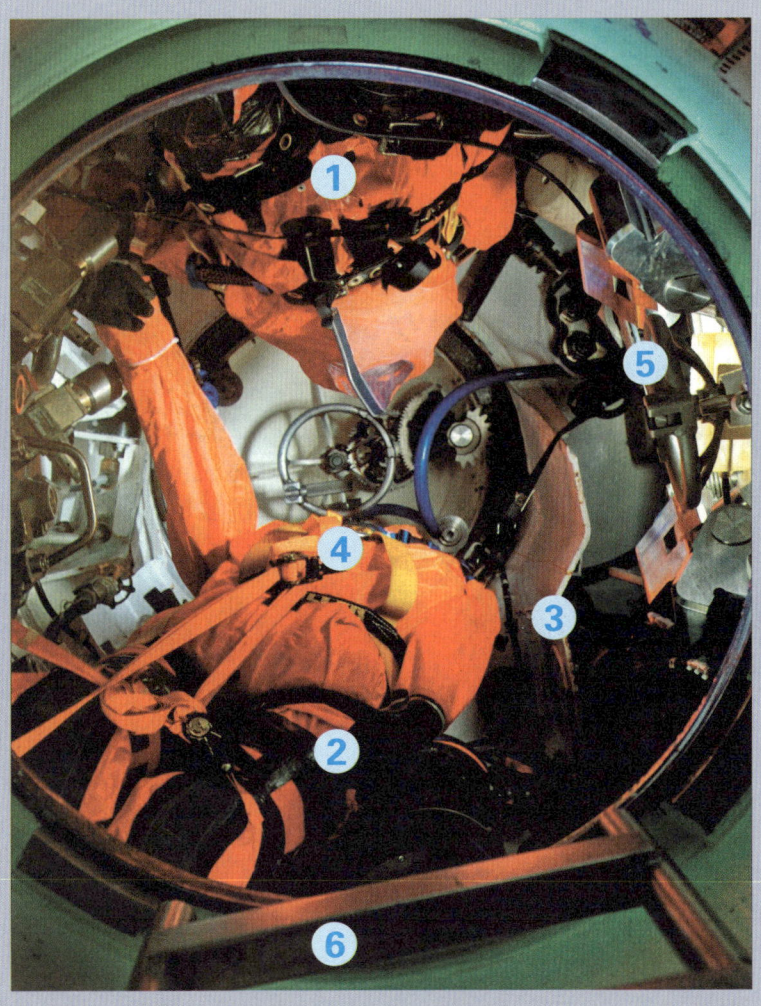

1. 压力容器:逃生舱的主体是一个高2.4米(8英尺)、直径1.5米(5英尺)的压力容器,内部较为逼仄。
2. 逃生服:艇员配备的逃生服为亮红色,以便搜救人员进行定位确认。
3. 斯坦福头罩:艇员配发的"斯坦福头罩"由救生背心及面部呼吸机组成。
4. 舱口:逃生舱舱口与艇体的耐压强度相等。
5. 通气口:逃生舱一侧的通气口借由"斯坦福头罩"与为艇员提供氧气。
6. 补给物资:当潜艇泊于港内时,补给品与装备通常经由逃生舱运入艇内。

"弗吉尼亚"级

本图：SSN-775 "得克萨斯"号

20世纪80年代后期和90年代初期，美国海军开始寻求一种具有多重任务角色的新型潜艇，可以看出，随着苏联解体和冷战结束，美国地缘政治关注的焦点迅速变化。美国海军要求潜艇能在不确定的环境中更具有灵活性，基于这种需求，设计出了单轴核动力潜艇。这种潜艇不仅能在广阔的深水执行任务，还能在受限水域作业，并支持地面行动。美国海军希望强调潜艇的质量，而不是数量，这也是一直以来的要求，但同时必须是现实中可承受的设计。根据1985年公布的预计成本，每艘"弗吉尼亚"级潜艇大约耗资16.5亿美元，美国海军在1998年第一艘潜艇下水后会陆续建成30艘此级别的潜艇。

1991年，美海军开始SSN-774潜艇的论证和设计工作，1996年签订合同，由通用动力公司电船部研制。首艇"弗吉尼亚"号于1998年开工建造。该级潜艇也更名为"弗吉尼亚"级潜艇。

"弗吉尼亚"级核潜艇的设计体现了最佳效费比原则，是一种高性能、低价位的潜艇，它能够对付敌方的各种威胁，既能实施传统的远洋反潜、反舰作战，又可以用于浅水作战环境中的多种作战行动，包括攻击式/防御式布雷、扫雷、特种部队投送/回撤（美国先进蛙人输送系统规划）、支援航母作战编队、情报收集与监视、对陆攻击等。

"弗吉尼亚"级核潜艇保留了"海狼"级攻击型核潜艇的降噪技术和作战系统的性能，同时减少艇上的武器载荷和武器的投放速度，减少最大下潜深度和艇员人数。

SSN-774可以担负隐蔽对陆攻击、反潜作战、情报搜集和侦察、攻击水面舰船、输送特种作战人员、布雷和支援航母战斗群等多种战斗任务。既能在深海作战，也能在浅水海域执行任务。

为了在浅海水域作战，并考虑水面侦察及配合水面舰艇作战，SSN-774装备了先进的光电桅杆潜望镜，该桅杆顶端装有各种光学和电子设备，但桅杆本身布置在耐压壳体外部的指挥台围壳内，并不穿透耐压壳体。潜望镜观察到的信号可通过光纤传输到舱

本图：SSN-774"弗吉尼亚"号

内显控台上的显示器上,该桅杆升降灵活,功能齐全,同时也为潜艇布置带来方便。

为了防止在浅水海域活动遭受敌人水雷的袭击,该艇设有消磁系统,能随时进行补充消磁,减少磁通量。该艇还设有避雷系统,能及时探测到敌人布设的水雷并进行躲避。

该级艇除采用敷设消声瓦、装备超静低声核反应堆等隐身措施外,还非常注意指挥台围壳的隐身设计,以降低浮出水面被雷达探测到的可能性。

SSN-774的另一大特色是贯彻了降低费用的设计原则,为此采取了一系列措施:

(1)尽可能采用"海狼"级和"洛杉矶"级潜艇的新技术,如低噪声的S6W反应堆、鱼雷发射管的设计方案、泵喷射推进器及各种隐身技术等,以节约研制经费。

(2)核动力的设计体现在30年的全寿命周期内不换料,这样可以省去上亿美元的全寿命周期费用。

(3)更新设计观念,使指挥台围壳内的升降装置不再穿透耐压艇体,采用电子组件连接的桅杆,既为布置带来了好处,又降低了设计费用。

(4)广泛采用计算机辅助设计工具,使整个设计既方便又节约。

(5)采用开放式的C3I系统结构,在电子设备的设计中应用部分商用产品,显著地降低了费用。

(6)采用了模块化设计,该艇在总体设计上不但在动力、控制、武器等方面采用模块化的独立艇体结构或甲板,还可根据执行任务的不同,装配不同的结构模块,组成不同类型的潜艇,从而在SSN-774的基本型上能很快地扩展为其他类型的潜艇。SSN-774备有发射弹道导弹的舱段模块,使之可发展为弹道导弹核潜艇,可用来替代2010年退役的弹道导弹核潜艇,变为战略核打击力量;设置能容纳特种作战人员的舱区模块,使该艇可以达到特种作战潜艇的输送能力。

模块化设计不仅能为系统的全寿命费用做出贡献,而且可以对整个国防费用的节约产生深远的影响。

美国先进蛙人输送系统

先进蛙人输送系统是一种干式微型潜艇,它采用先进的安静式推进系统,设两名艇员,可秘密运送或回撤一个"海豹"特种作战小队。该系统用于执行远距离特种作战行动,可从携带潜艇上释放，也可从两栖战舰的井型甲板上下水。与目前的湿式蛙人运送艇不同，该系统不需要在携带潜艇上安装干甲板掩蔽舱，也不像如今的湿式输送艇那样长时间浸泡在冷水中，可大大降低特种作战部队的身心疲劳程度。

按计划，第一艘先进蛙人输送艇于1999财年完成系统综合与测试工作，并配属到夏威夷珍珠港的第一"海豹"输送艇小队。另外，有关部门还在对现役潜艇进行改装，以使其能够携带先进蛙人输送系统。新一代"弗吉尼亚"级攻击型潜艇已专门设计成可携带这种输送艇。

多用途水下战平台

"弗吉尼亚"级的攻击型核潜艇水下排水量为7700吨，主尺度长为114.9米、高10.4米、宽9.3米。艇上装备的一座S9G型压水堆可保证该级核潜艇达到水下28节的最高航速。这一最高航速指标不但比"洛杉矶"级核潜艇的33节、"海狼"级核潜艇的35节的最高水下航速低，甚至比美国海军在20世纪70年代建造的"鲟鱼"级攻击型核潜艇的水下最高30节航速还要低一些。从表面上来看，这似乎是一种倒退，但是，美国海军一些潜艇战的专家认为，这种程度的水下航速足可保证"弗吉尼亚"级攻击型核潜艇胜任在世界各种海域，特别是在浅水海域对付常规动力潜艇以及执行多种任务。

"弗吉尼亚"级攻击型核潜艇的下潜深度为260米，与"洛杉矶"级攻击型核潜艇的450米的下潜深度相差将近一半，与"海狼"级攻击型核潜艇600米的下潜深度相差340多米。由此我们可以看出"弗吉尼亚"级攻击型核潜艇所体现出来的重在浅水海域从事作战活动的基本设计思想。

"弗吉尼亚"级攻击型核潜艇上装备有12个"战斧"巡航导弹的垂直发射筒，可发射射程为2500千米的攻击陆地目标型的"战斧"巡航导弹，能够对陆地纵深目标实施打击。另外，"弗吉尼亚"级攻击型核潜艇上还装备了4具533毫米鱼雷发射管。这4具鱼雷发射管除了可以发射MK48型鱼雷、"捕鲸叉"反舰导弹以及布放水雷之外，不可发射/回收水下无人驾驶遥控装置。这种水下无人驾驶遥控装置上装备有声学和非声学传感器、无线电和视频信号传感器、目标识别和分类装置等，它可以在远离"弗吉尼亚"核潜艇的海域完成警戒、侦察以及反潜战等方面的任务，大幅度地增强"弗吉尼亚"级攻击型核潜艇的水下探测和侦察能力。此外，利用"弗吉尼亚"级攻击型核潜艇上的533毫米鱼雷发射管还能发射可以遥控的无人空中飞行器。无人空中飞行器可以完成对陆地目标的侦察，并可把侦察结果实时传输给"弗吉尼亚"级核潜艇，保证"弗吉尼亚"级核潜艇能够对陆上目标实施精确打击。

为了支持特种作战任务，"弗吉尼亚"级核潜艇上专门装设了一个可以放出和回收的特种人员运载器以及与其对接的艇上接口。特种人员运载器可容纳9名特种作战人员和为执行特种任务所需要的各种装备。"弗吉尼亚"级核潜艇把特种人员运载器在水下秘密遣送出去之后，特种作战人员可执行救援、搜索、破袭、情报收集以及引导空中打击等任务，完成上述任务之后，特种作战人员可以利用运载器隐蔽地返回"弗吉尼亚"级核潜艇。

"弗吉尼亚"级核潜艇的艇体采用了计算机技术支持的模块化设计，各分舱可按照具有不同功能的舱段模块分别建造。该级核潜艇的主机舱采用浮筏减震的整体模块设计，大幅度降低了艇上噪音。另外，"弗吉尼亚"级核潜艇推进设备使用的动力电缆和阀门、断路器、泵等，其数量仅分别为"洛杉矶"级攻击型核潜艇的50%、40%和30%左右。由此可见，"弗吉尼亚"级核潜艇至少可以保持或者甚至优于"海狼"级核潜艇的安静性，因此它将是世界上最安静的核潜艇之一。

现在有9艘已服役：2004年交付的"弗吉尼亚"号（SSN-774）；2005年交付的"得克萨斯"号（SSN-775）；2006年交付的"夏威夷"号（SSN-776）；2007年交付的"北卡罗来纳"号（SSN-777）；2008年11月25日交付的"新罕布什尔"号（SSN-778）；2010年交付的"新墨西哥"号（SSN-779）；2010年交付的"密苏里"号（SSN-780）；2011年交付的"加利福尼亚"号（SSN-781）；2012年交付的"密西西比"号（SSN-782）。这些潜艇均由两家公司制造：通用动力公司和纽波特纽斯造船厂。

本图：SSN-781"加利福尼亚"号

技术规格

长度：潜艇长 115 米，水下排水量为 7700 吨，水下航速 28 节，主动力装置为一座压水核反应堆加两台同轴汽轮机驱动的泵喷射推进器。

排水量：7800 吨（水面）

速度：超过 25 节

船员：134 名军官和其他职衔的人员

装备：MK48-5 型鱼雷、"鱼叉"反舰导弹、"战斧"巡航导弹、小型反潜鱼雷和水下运载器，水下发射的反直升机防空导弹的可行性正在评估中。SSN-774 的雷弹携带量为 38 枚。

下图：SSN-782 "密西西比"号

本图：SSN-780 "密苏里" 号

本图：SSN-779 "新墨西哥" 号

两栖作战舰艇
Amphibious Warfare Vessels

美国海军拥有众多强大的两栖战斗群，这些战斗群包括各种不同种类的舰艇，用来运送远征部队到世界各地，并可以通过常规艇或气垫登陆艇以及数量众多的直升机把部队部署到岸上。一些战斗群还携带有直升机和固定翼直升机，以提供及时的火力支援，并执行反潜任务。这些舰艇或者是单一功能的，比如杂务指挥舰和"蓝岭"级指挥舰，或者是能执行多种与两栖部队相关任务的舰艇。在这些众多的各种大型船舰中扮演重要角色的是被称为LHA、LHD的两栖突击舰，以及被称为LPD和LSD的船坞登陆舰和两栖输送舰。这些舰艇被分别部署在大西洋和太平洋，主基地都在东海岸或西海岸，但也有一些是海外部署的，主要以日本为基地。

本图：昵称为"死亡之星"的"科罗拉多"号正航行在威基基附近海域。该舰正在参加演习。

上两图：指挥舰"蓝岭"号回访悉尼港，该舰正在前往位于澳大利亚悉尼乌卢姆鲁的海军码头的路上，这将是一次美好的访问。

"蓝岭"级

上图:"好人理查德"号(LHD6)上的水手整齐列队。该舰途径圣迭戈市区前往阿拉伯湾执行"南方守望行动"的军事部署,这是它的首次部署。

"蓝岭"级指挥控制舰包括"蓝岭"号以及"惠特尼山"号,建造的主要目的是为在大西洋和太平洋的美国海军两栖舰队提供指挥控制舰艇。它们取代了老化的指挥舰,这些指挥船的舰龄可以追溯到第二次世界大战时期,已经无法支持更为现代化的超过20节的两栖战斗舰。该级舰的设计是"硫磺岛"级两栖直升机母舰。"硫磺岛"级两栖直升机母舰的机库空间被改装成指挥控制室、军官室、舰员室。以前的飞行甲板也被改装,具备更大的舰体中部上层建

筑和更小的舰尾结构。监视、参谋、通信部门沿甲板顺序排列。该级舰被设计用于搭载两栖任务部队指挥部、海军陆战队登陆部队、空中指挥控制大队和他们的成员。除舰员外，该级舰还提供了额外的铺位，以搭乘200名军官和500名士兵。费城海军造船厂负责建造"蓝岭"号，弗吉尼亚纽波特纽斯造船厂建造"惠特尼山"号，"蓝岭"号于1970年11月14日开始服役。尽管原定要承担两栖指挥任务，但这两艘战舰后来都成为舰队旗舰。"蓝岭"号的母港设在日本的横须贺，从1979年以来一直承担这一任务。"惠特尼山"号则在1981年成为美国第二艘舰队旗舰，母港设在弗吉尼亚的诺福克。

下图："蓝岭"级指挥舰是战后美国海军为适应两栖作战需要而发展的一级指挥舰，首舰"蓝岭"号（LCC-19）于1967年2月开工建造，1970年11月建成服役，后续舰"惠特尼山"号（LCC-20）于1971年1月服役，同级共2艘，主要用于远距离大规模登陆，在登陆作战中对登陆编队实施统一指挥。

技术规格

长度：634英尺
排水量：18874吨（满载）
速度：23节
船员：52名军官；790名士兵
装备：两个密集阵近程防御武器系统
直升机：通常为1架SH-3H"海王"直升机，但除CH-53"海上种马"直升机外，可以搭载美国海军的大多数直升机

 "奥斯汀"级

"奥斯汀"战舰被划分为两栖船坞登陆舰（LPD），其任务是利用直升机、传统或气垫登陆艇输送和装载攻击力量，在敌对海岸登陆，通常是海军陆战队或小型特种部队。在20世纪60年代开始建造这一级别的战舰时，计划建造12艘。由几家造船厂，包括纽约海军造船厂、英格斯造船厂和洛克希德造船厂分别建造。首舰"奥斯汀"号（LPD-4）于1965年2月6日开始建造，1971年全部建成，这些战舰（LPD4-10和12-15）至今仍在服役，是美国海军最老的战舰之一。该级别的战舰被用以替代建于1962—1963年的两艘"罗列"级两栖船坞登陆舰。两型的主要区别在于船体长度，"奥斯汀"级在船尾坞舱的前部增加一个50英尺的分段。这一调整使甲板下容纳车辆和货物的空间增加了近一倍，并可以在上层结构的后面增加一个伸缩式机库。但是，"奥斯汀"搭载的部队的数量并不会比"罗列"级多，在双栖中队旗舰LPD7-13上甚至更少。这11艘"奥斯汀"级的基地分布于加利福尼亚州的圣迭戈（5艘）、日本的佐世保（1艘）、弗吉尼亚州的诺福克（5艘）。新型的"圣安东尼奥"级开始服役时，该级舰将会逐渐退役。

技术规格

长度：570英尺

排水量：17000吨（满载）

速度：21节

船员：24名军官；396名其他职衔的人员

装备：两挺Mk.38型25毫米炮；8挺0.5口径重机枪；两个密集阵近程防御武器系统

飞机：可搭载6架CH-46"海上骑士"直升机

搭载能力：900名水兵

上图:"奥格登"号(LPD-5)离开在加利福尼亚圣迭戈的海军基地码头,水手们在战舰上列队。"奥格登"号搭载第一远征攻击群(ESG-1),以"佩雷里乌"号(LHA-5)为旗舰。远征攻击群是增加了火力和作战能力的海军两栖作战部队。

右图:两栖战舰"卡特霍尔"号(LSD-50)和"硫黄岛"号(LH-D7)离开利比里亚海岸。"硫黄岛"号两栖战斗群在该海域支援针对其首都蒙罗维亚骚乱的维和行动。

 ## "圣安东尼奥"级

上图:"圣安东尼奥"级是美国海军的新的主级两栖船坞运输舰,它计划取代4级舰,即船坞运输舰(LPD-4)、坦克登陆舰(LST)、两栖货船(LKA)和船坞登陆舰(LSD-36)。首舰命名为"圣安东尼奥"号(San Antonio),并于1996年签订了建造合同。

这级战舰建造目的是替代4级美国海军的老化的两栖战舰。该级战舰在舰体和上层结构的设计上都采用了隐形技术，主要任务是利用直升机或是登陆艇运送和部署各种部队，从海军陆战队远征单位到特种部队。建造新级别"圣安东尼奥"号（LPD-17）的合同签订于1996年12月，建造始于2000年8月，由诺斯罗普·格鲁曼船系统公司承担建造任务，雷神系统公司和鹰图公司辅助建造。至2002年12月"圣安东尼奥"号的大半工作已经完成，建造更多该级别战舰的合同也得以签订，即1998年12月签订的"新奥尔良"号（LPD-18）以及2000年5月签订的"格林湾"号（LPD-20）。原定交给巴斯钢铁公司造船厂建造的第4艘战舰"梅萨维德"号（LPD-19）转交给了诺斯罗普公司建造，以此来交换之前赢得的建造伯克级导弹驱逐舰的合同。第5艘"圣安东尼奥"级战舰被命名为"纽约"号，以纪念双子塔袭击。该舰有大约25000平方英尺的甲板空间，同时能容纳约34000立方英尺的物资和货物。美国海军目前的"圣安东尼奥"级LPD战舰的订单总数为12艘。

技 术 规 格

长度：684 英尺
排水量：24900 吨（满载）
速度：超过 22 节
船员：28 名军官，333 名其他职衔的人员
装备：2 个滚动弹体导弹发射器；2 个"大蟒蛇"Ⅱ近程防御武器系统
飞机：2 架 CH-53E "超级种马"直升机或多达 4 架 CH-46 "海上骑士"直升机，MV-22 "鱼鹰"倾转旋翼飞机，或 AH-1、UH-1 直升机
搭载能力：800 名水兵

机械和通用登陆艇

第二次世界大战期间,为了适应美军在太平洋的越岛作战,运送人员、物资、重武器登陆或由于港口设施的需要,发展了这两种艇。登陆艇的主要缺点是航速慢,要花很多时间装载并且无法移动到岛上,这与通用气垫登陆艇不同。尽管3个级别的机械登陆艇和通用登陆艇承担同样的任务,但前者的装载量要小于后者。其他主要区别在于,机械登陆艇只有一个艉门跳板用于装载和卸载,这就意味着需要花更多时间进行回转。而通用登陆艇具备滚装能力,在船艏和船艉都有跳板,这样装载和卸载更加方便。

本图:一艘通用登陆艇从"埃塞克斯"号上把第31海军远征部队运往菲律宾苏比克湾。

技 术 规 格

数据：8 型机械登陆艇
长度：73 英尺 7 英寸
排水量：105 吨（满载）
速度：12 节
范围：9 节速 190 英里（满载）
船员：5 名
承载能力：1 辆 M48 或 M60 坦克；或 200 名人员部队；或 180 吨物资

技 术 规 格

数据：1610、1627 和 1646 级通用登陆艇
长度：134 英尺 9 英寸
排水量：375 吨（满载）
速度：11 节
范围：8 节速 120 英里（满载）
船员：14 名
承载能力：125 吨
装备：两挺 12.7 毫米机枪

数据：6 型机械登陆艇
长度：56 英尺 2 英寸
排水量：64 吨（满载）
速度：9 节
范围：9 节速 130 英里（满载）
船员：5 名
承载能力：34 吨物资或 80 名人员

下图：一名当地男孩望着通用登陆艇靠近海岸，卸载美国海军陆战队人员和装备。

气垫登陆艇

常规登陆艇有两个明显的缺点：只能把人员和设备输送到海岸边上，不能继续深入陆地；只能登陆那些能进行作业的海滩（大约15%的可能登陆地点适合常规登陆艇）。通用气垫登陆艇（LCAC）是解决这些问题的尝试。它们可以沿海滩移动并且深入陆地，且不会受到如珊瑚暗礁的阻碍，事实上，它们可以登陆世界上90%的海岸线。这种登陆艇要比常规登陆艇更快，因此从船到岸的速度也会更快。这种概念得益于20世纪80年代惠德贝湾级船坞登陆舰，它主要用来操作气垫艇，第一台通用气垫登陆艇于1982年交付使用。

建造工作交给了达信公司海上和陆地系统分部，以及埃文戴勒·格尔夫波特海上公司。到1986年有33艘交付使用。在随后的时间里又有几十艘交付使用：1989年有15艘，1990—1991年有12艘，到1995年美国海军拥有82艘通用气垫登陆艇。它们可以运送60~75吨部队、物资、重型武器及装甲车。通用气垫登陆艇由4台TF-40B燃气轮机驱动，其中两台用于前进驱动，另外两台用于提升。

左图：两艘通用登陆气垫艇进入"巴丹岛"号（LHD-5）两栖船坞登陆舰的坞舱，准备执行其首次部署任务。

技术规格

长度:87英尺11英寸

排水量:87.2吨(空载);172~182吨(满载)

速度:40节(满载)

范围:40节速2000英里(满载)

船员:5名

装备:2挺12.7毫米机枪,M-2HB 0.5英寸口径重机枪,Mk.19型40毫米榴弹发射器以及M60机枪

承载能力:24名士兵或一辆主战坦克

下图:在南加利福尼亚海岸附近举行的两栖作战演习中,美国海军第5突击艇部队的一艘气垫登陆艇正将海军陆战队员和物资运送到"佩勒利乌"号两栖攻击舰上。

"惠德贝岛"级

右图:"康斯托克"号锚泊在阿拉斯加汐地卡湾东海峡中,该舰正参加"北岭2000"演习。

在"安克雷奇"级战舰的基础上,美国海军建造出了"惠德贝岛"(Whidbey Island)级登陆舰,用于替代"托马斯"级两栖船坞登陆舰。第一艘"惠德贝岛"号在1981年开工建造。1988年,该级战舰的建造计划从8艘增加到了12艘,最后4艘战舰形成一个战舰子集——"哈珀斯·费里"(Harpers Ferry)级两栖船坞登陆舰,提高了货运能力。LSD-41级两栖船坞登陆舰取代了陈旧的LSD-28级两栖船坞登陆舰,后者在20世纪80年代结束了服役生涯。

装载气垫船

"惠德贝岛"级两栖船坞登陆舰是第一种被设计成能搭载气垫登陆艇的战舰。气垫登陆艇在风平浪静的海况条件下能够装载60吨的有效载荷,以超过40节的速度航行,使得两栖突击作战的距离更远,并能突击多种类型的海滩。"惠德贝岛"级的船台甲板尺寸为134.1米(440英尺)长,15.2米(50英尺)宽,能够容纳4艘气垫登陆艇,这种性能优于任何两栖突击舰。

"惠德贝岛"级的两种战舰子集之

上图：美国海军一艘"惠德贝岛"级两栖船坞登陆舰从舰艉船台甲板上卸载一艘气垫登陆艇。在这艘舰上，通常用于停放 CH-53 型直升机的直升机甲板上堆积着各种物资。

右图："阿什兰德"号（LSD-48）正行驶在地中海，该舰作为东两栖战斗群的一员参与"持久自由行动"。

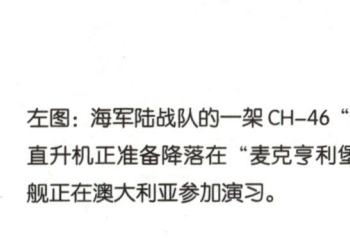

左图：海军陆战队的一架 CH-46 "海上骑士"直升机正准备降落在"麦克亨利堡"上。该舰正在澳大利亚参加演习。

间最明显的区别在于"哈珀斯·费里"级仅装备1台起重机。此外,"惠德贝岛"级(LSD41~48)的"密集阵"近战武器系统配置在舰桥顶部,而"哈珀斯·费里"级的近战武器系统则位于上层建筑的前下方。

战舰的自卫能力

1993年6月,"惠德贝岛"号试验了"快速反应作战能力"系统。1987年5月17日,在伊拉克使用"飞鱼"导弹攻击美国海军"斯塔克"号战舰后,美国海军开始高度关注在战舰上综合使用RIM-116A型导弹、"密集阵"近战武器系统和AN/SLQ-32电子战系统。如今,所有"惠德贝岛"级战舰上全部装备了这套由上述几种系统组成的舰艇自防御系统。

"惠德贝岛"级战舰通常借助4艘气垫登陆艇、21艘机械化登陆艇或3艘通用登陆艇运送1个海军陆战队营。还可以选择另外一种方案:乘坐64辆AAV7A1型两栖履带式装甲人员输送车登陆。"哈珀斯·费里"级所装载的登陆艇数量较少:2艘气垫船、9艘机械化登陆艇或者1艘通用登陆艇。舰上除了装备积极防御的防空、反导弹的火炮和导弹外,还采用广泛的被动防御措施。舰上有1套功能强大的电子监视系统,配以能够"诱导"来袭导弹的干扰火箭。此外,AN/SLQ-49型干扰浮标在中等海况条件下的有效性能够持续数小时,这是因为,该型浮标能够产生比战舰更强的雷达信号。"水精"诱饵系统对来袭的鱼雷具有同样的效果。

第一批2艘"惠德贝岛"级战舰的造价超过3亿美元。最后4艘战舰平均造价为1.5亿美元。1996年,据有关数据表明,一艘"惠德贝岛"级战舰每年的使用和维护费用大约2000万美元。

本图:从空中俯瞰试航中的两栖船坞登陆舰"奥克希尔"号(LSD-51)。

本图:美国海军"惠德贝岛"级两栖船坞登陆舰不但拥有巨大的货物空间,还配备了非常高效的自卫武器系统。图中所示是"Gunston Hill"号,舷号为LSD-44。

技 术 规 格

"惠德贝岛"级和"哈珀斯·费里"级登陆舰

排水量:满载排水量15726吨(LSD41~48),或者16740吨(LSD49~52)

舰艇尺寸:舰长185.8米;舰宽25.6米;吃水深度6.3米

动力系统:4台柴油发动机,输出功率为24272千瓦(33000轴马力),双轴推进

航速:22节

航程:8000海里(14730千米或9206英里)/18节(时速33千米或20英里)

人员编制:22名军官和391名士兵

海军陆战队员:402名,最多可搭乘627名

物资运输能力:"惠德贝岛"级拥有141.6立方米的空间存放一般物资,1161平方米的平面空间用于停放车辆(其中包括船台甲板中4艘预先装载的气垫船);"哈珀斯费里"级登陆舰拥有1914立方米的物资存放空间,1877平方米的平面空间用于存放运输卡车,但仅能够装载2~3艘气垫登陆艇

武器系统:2门通用动力公司的六管20毫米口径"密集阵"Mk15型火炮,2门25毫米口径Mk38星火炮,8挺或更多12.7毫米口径机枪

电子对抗措施:4座SRBOC六管Mk36型干扰物发射装置,1套AN/SLQ-25"水精"声响鱼雷诱饵,AN/SLQ-49干扰物浮标,AN/SLQ-32雷达告警/干扰发射台/诱骗系统

电子系统:1部AN/SPS-67对海搜索雷达,1部AN/SPS-49对空搜索雷达,1部AN/SPS-64导航雷达

舰载机:2架CH-53"海上种马"直升机(仅有一个直升机起降平台)

 "哈珀斯·费里"级

"哈珀斯·费里"级船坞登陆舰是"惠德贝岛"级的改进版本。事实上，这两种类型的登陆舰在布局、外观等所有方面有90%左右都是一致的，主要不同在于运送货物的能力。前者运送能力更强一些，起因于1987年美国海军提出的被称为LSD-41（载货改变）的要求。设计者对海军要求的反应是把通用气垫登陆艇从"惠德贝岛"级的4艘降到新船坞登陆舰的2艘，并利用减少的船坞空间来存储额外物资。建造工作由路易斯安那的埃文戴勒工业公司承担，首舰"哈珀斯·费里"号（LSD-49）于1975年1月7日开始服役。现在美国海军中有4艘还在服役，基地分别位于加利福尼亚州的圣迭戈（1艘）、日

技术规格

长度：609 英尺
排水量：16708 吨（满载）
速度：超过 20 节
船员：22 名军官，379 名其他职衔的人员
装备：2 个密集阵近程防御武器系统；2 挺 Mk.38 机枪；6 挺 0.5 英寸口径机枪
登陆艇：2 艘通用气垫登陆艇
承载能力：504 名士兵

上图："康斯托克"号锚泊在阿拉斯加汐地卡湾海峡的入口处，该舰正参加演习。

本的佐世保（1艘）、弗吉尼亚州的利特尔克里克（2艘）。与"惠德贝岛"级相同，"哈珀斯·费里"号（LSD49-52）主要被用来运送海军陆战队远征部队到敌方海滩，然后利用直升机或登陆艇运送人员和装备登陆。该战舰的船尾飞行甲板可在任何时候降落两架CH-53D"海上种马"直升机，但是并没有机库和保障设备。

上图："哈珀斯·费里"号在完成医药和人道主义救援任务后，在东帝汶附近海域的黄昏中航行。

右图："哈珀斯·费里"号穿过阿拉伯湾，正在支持第5舰队军事行动。

"塔拉瓦"级

美国海军"塔拉瓦"级大型多用途攻击舰集中了直升机母舰、两栖船坞运输舰、两栖指挥舰和两栖货物运输舰的功能于一身。该级战舰最初计划建造9艘，但由于越南战争的结束以及美国削减防务预算，最终决定建造5艘。1971—1978年，英格尔斯造船厂依靠多种造舰技术建造了这批战舰。

战舰各个边大约有2/3处都是垂直的，这是为了最大限度地增加物资可利用的空间。1座长82米（268英尺）、宽24米（78英尺）的机库以及6.1米（20英尺）的船舱天花板位于舰艇相同尺寸的船台甲板上方。有2台起重机为机

本图：2002年9月，美国海军"塞班岛"号两栖攻击舰（最前面）与"庞塞"号两栖船坞运输舰（居上）正在同时接受来自补给油船"帕图森特"号（居中）的海上加油。

库工作，一台位于左舷，起重能力为18220千克（40085磅）；另一台是中央起重机，位于舰艉，起重能力更大，为36441千克（80170磅）。一系列共5个载货能力为1000千克（2205磅）的升降机将坞舱、车辆甲板、货舱、机库甲板连接在一起。前面3个升降机用于车辆甲板，使用了1套传送带系统。后面2个升降机（位于传送带的另一端）用于船台甲板，船台甲板上一个悬挂式货运单轨系统负责将货盘提升到登陆艇和机库甲板上。一块成一定角度的斜板从机库一直通向直升机起降甲板上，这样就能够直接装载直升机。

车辆停放舱

坞舱前部（通过斜板将坞舱和直升机起降甲板连接起来）是车辆甲板，这些甲板通常可以容纳160辆履带式车辆、火炮、卡车连同40辆AAV-7A1型两栖突击输送车。船台甲板能够容纳4艘通用登陆艇，或者2艘通用登陆艇和2艘LCM-8机械化登陆艇，或者17艘LCM-6型机械化登陆艇，能够确保4艘通用登陆艇和8辆AAV-7A1型两栖突击人员输送车同时从船台甲板下水。这些战舰通常通过一个大型起重机在下水甲板上装载2艘LCM6型机械化登陆艇和2艘大型人员登陆艇。机库里能够停放26架CH-46E"海上骑士"或者19架CH-53D"海上种马"/CH-53E"超级种马"直升机，但正常搭载的航空大队数量是12架CH-46E"海上骑士"直升机、6架CH-53D/E型直升机、4架AH-1W型"超级眼镜蛇"武装直升机和2架UH-1N"双休伊"通用直升机；或者搭载6架CH-46E型、9架CH-53D/E、4架AH-1W和2架UH-1N型直升机。舰上还搭载AV-8"鹞"式系列飞机和OV-10"野马"固定翼式飞机，其中，AV-8"鹞"式飞机是一种垂直/短距起降战斗机，OV-10"野马"是一种短距离起降观察/攻击机。舰上有一个面积464.5平方米（5000平方英尺）的适应性训练教室，用于对所搭乘的一个1900人的海军陆战队加强营进行可控环境下的训练。

作为一个两栖作战大队的旗舰，"塔拉瓦"级大型多用途两栖攻击舰装备有战术两栖作战数据系统，用来对该两栖大队的飞机、武器、传感器和登陆艇进行指挥与控制。此外，舰上还装备了与两栖指挥舰相同的卫星通信系统和数据自动传输系统。有2艘"塔拉瓦"级大型多用途两栖攻击舰分配到美国海军大西洋舰队，另外3艘则编入太平洋舰队。

上图：一艘攻击舰的主要作用是在最短时间内将突击队输送上岸，经过特殊训练的突击队搭乘两栖突击车辆投入战斗。这是在一次模拟入侵纽芬兰岛的演习中，一辆AAV-7A1型两栖突击车从美国海军"拿骚"号两栖攻击舰上驶下，在海滩登陆。在冷战时期，经常进行此类实战训练演习以提高战斗技能。两栖突击车是海军陆战突击队的心脏，"塔拉瓦"级两栖攻击舰装载了40辆两栖突击车。

本图：作为美国海军陆战队重型空运能力的中流砥柱，一架CH-53E"超级种马"直升机正降落在"拿骚"号两栖攻击舰上，该舰当时正在加拿大新斯科舍省附近海域活动。在5个现役的直升机中队中，具有3台发动机的CH-53E"超级种马"直升机能够从外部吊起任何1架美国海军陆战队的战术喷气机或1辆轻型装甲车。

技 术 规 格

长度：820 英尺

排水量：39400 吨（满载）

速度：24 节

船员：82 名军官，882 名其他职衔的人员

装备：两个密集阵防御武器系统；3 挺 0.5 英寸口径重机枪；4 挺 Mk.38 型 25 毫米机枪

飞机（取决于任务的不同）：2 架 CH–46 "海上骑士" 直升机；4 架 CH–53E "海上种马" 直升机；6 架 AV–8W "海鹞" 攻击机；3 架 UH–1N 直升机；4 架 AH–1W "超级眼镜蛇" 直升机

承载能力：1900 名士兵

本图：美国海军的 "拿骚" 号（LHA-4）停泊在哈德森河上，参加 "千禧年国际海军庆典"。

左图：这是美国海军"贝洛伍德"号两栖攻击舰在1987年所拍摄的照片。该舰在舰艏右舷位置依然装备着1门Mk45型火炮，这种全自动5英寸口径火炮每3秒钟就能射击一次，能将一枚重达30千克（66磅）的炮弹发射至24000米开外。火炮主要用于对海岸进行轰击，同时还能用来攻击飞机。

舰载机："塔拉瓦"级可搭载35架飞机，包括AV-8B"鹞"Ⅱ型飞机、炮艇直升机、重型运输直升机及攻击直升机。

飞行甲板："塔拉瓦"级的飞行甲板设有9处着舰点，可同时停放10架直升机。其岛式上层建筑位于右舷，直升机升降机则位于左舷。

井型甲板："塔拉瓦"级舰尾设有大面积井型甲板，可供包括气垫船在内的多种两栖船只出入。井型甲板下最多可收纳4艘LCU1610型通用登陆艇或一艘大型气垫登陆艇，或7艘LCM（8）型机械化部队登陆艇或17艘LCM（6）型机械化部队登陆艇。

通信设备："塔拉瓦"号的通信设备包括 SRR-1 型、WSC-3 UHF 型、WSC-6 SHF 型及 USC-38 SHF SATCOM 型信号接收器，另有 SMQ-11 型气象卫星信号接收器。

住舱：该舰可搭载约 960 名军官及超过 2000 名海军陆战队员，全体官兵均拥有独立铺位，此外舰上各处均装有空调设备。

主机："塔拉瓦"级装有两座蒸汽轮机，总功率 51.5 兆瓦（70000 轴马力），20 节航速下航程为 16000 千米（10000 英里）。该级舰的推进系统自动化程度很高。

161

作为新一代通用两栖攻击舰，"塔拉瓦"级共建有5艘，该级舰集两栖攻击舰（LPH）、两栖船坞登陆舰（LPD）、登陆物资运输舰（LKA）以及船坞登录舰（LSD）四种两栖作战舰只的功能于一身。

右图："塔拉瓦"号在1978年圣诞节假期前回到了加利福尼亚圣迭戈母港，在此前的四个半月中，该舰一直在进行密集的单舰操练课目，舰上的海军陆战队也在同期完成了旨在强化战力的补充训练。

"黄蜂"级

"黄蜂"级战舰是世界上吨位最大的两栖攻击舰,为美国海军提供了全球范围内无法匹敌的攻击敌方海岸的能力。"黄蜂"级还是世界上第一批专门设计成用来同时装载AV-8B"鹞Ⅱ"战斗机和气垫登陆艇的两栖攻击舰。最后3艘该级战舰建成后,每艘的平均造价高达7.5亿美元。美国计划到2010年部署12支两栖戒备大队,届时,第一艘"塔拉瓦"级战舰已有35岁。

"黄蜂"级是从"塔拉瓦"级改进而来的两栖攻击舰,这些战舰具有基本相同的舰体和技术设备。指挥、控制和通信中心位于舰体内部,这样不容易丧失作战能力。为了便于人员和车辆的登陆和回收作业,这些战舰的压载水舱可以容纳大约15000吨的海水,用来平衡战舰的吞吐能力。

"黄蜂"级可以装载一支2000人的海军陆战队远征军,通过搭载的登陆

本图:美国海军的"拿骚"号(LHA-4)停泊在哈德森河上,参加"千禧年国际海军庆典"。

艇将海军陆战队员输送上岸，或者通过直升机将他们直接投送到内陆地区（即"垂直包围"战术）。每艘"黄蜂"级战舰的甲板面积为81米×15.2米，能够装载3艘气垫登陆艇或者12艘机械化登陆艇。舰上总共能够装载61辆AAV7A1型两栖突击车，其中，船台甲板上存放40辆，上部车辆存放舱能够容纳21辆。

飞行甲板上设置9个直升机小降落场地，总共停放42架CH-46"海上骑士"直升机；该级战舰还可以配置1架AH-1型"海眼镜蛇"攻击直升机或其他运输机，例如CH-53E"超级种马"、UH-1N型"双休伊"或者是多用途型SH-60B"海鹰"直升机。"黄蜂"级战舰在执行作战任务时能够起降6到8架AV-8B"鹞Ⅱ"战斗机，最多能够搭载20架。战舰上有两台飞机升降机，一台位于舰艇中段左侧，另一台位于上层建筑的右后侧。这些战舰在通过巴拿马运河时，不得不将这些升降机向舷内折叠。

舰载机联队

舰载机联队根据所担负的任务进行编组。"黄蜂"级两栖攻击舰的功能类似于航空母舰，在执行海洋控制任务时能够操作20架AV-8B战斗机和6架反潜直升机。进行两栖攻击时，一支典型的舰载机联队是由6架AV-8B、4架AH-1W攻击直升机，12架CH-46"海上骑士"直升机，9架CH-53E型"超级种马"直升机或者1架"超级种马"直升机和4架UH-1N型"双休伊"直升机组成。作为另一种选择方案，该级战舰可以单独搭载42架CH-46型"海上骑士"直升机。

"黄蜂"级战舰还可以搭载一支各要素构成均衡的战车部队，其中包括5辆M1"艾布拉姆"主战坦克、25辆AAV7A1型装甲人员输送车、8辆M198型155毫米口径自行火炮、68辆卡车和12辆支援车辆。"黄蜂"级战舰能够向岸上输送各种装备和车辆。在船舱内部，单轨输送车以每分钟183米的速度将货物从储物舱运至船台甲板，船台甲板通过舰艉舱门朝大海敞开。

每艘战舰上还设有一个600张床位的医院，总共有6个手术室，这样一来就降低了两栖特混舰队对于岸上医疗设备的依赖性。

从20世纪90年代中期开始，"黄蜂"级战舰逐步替换了许多老旧的大型多用途攻击舰。其中，"巴丹"号是使用预先装备技术和标准模块化施工技术建造而成的。建造人员将各个组件组

技 术 规 格

"黄蜂"级两栖攻击舰

排水量：41150 吨

舰艇尺寸：舰长 253.2 米；舰宽 31.8 米；吃水深度 8.1 米

动力系统：2 台齿轮传动式蒸汽轮机，输出功率为 51485 千瓦（70000 轴马力），双轴推进

航速：22 节

航程：17493 千米（10933 英里）/18 节（33 千米/小时）

舰员编制：1208 人

海军陆战队员：1894 名

作战物资：2860 立方米（101000 立方英尺）用于一般物资，外加 1858 平方米（20000 平方英尺）的平面空间用于存放车辆

舰载机：部署的数量取决于所担负的任务，但能装载 AV–8B 战斗攻击机和 AH–1W、CH–46、CH–53 型以及 UH–1N 型直升机

武器系统：2 座雷声公司生产的 Mk29 八联装防空导弹发射装置，发射"海麻雀"半有源雷达自动寻的导弹；2 座通用动力公司生产的 Mk49 型导弹发射装置，发射 RIM–116A 型红外/辐射自动寻的导弹；3 座通用动力公司生产的 20 毫米口径六管"密集阵"Mk15 火炮（LHD 5–7 号舰上仅装备 2 门）；4 门 25 毫米口径 Mk38 火炮（LHD 5–7 号舰上装备 3 门）；4 挺 12.7 毫米口径机枪

电子对抗措施：LQ–49 干扰物浮标，AN/SLQ–32 雷达预警/干扰发射台/诱骗系统

电子系统：1 部 AN/SPS–52 型对空搜索雷达或者 AN/SPS–48 型对空搜索雷达（后来的战舰装备），1 部 AN/SPS–49 型对空搜索雷达，1 部 SPS–67 型对海搜索雷达，导航和火控雷达，1 套 AN/URN 25 型"塔康"战术空中导航系统

本图：除了能够投射一支强大的空中力量之外，"黄蜂"级两栖攻击舰还能够投送 3 艘气垫登陆艇（见图）或者 12 艘机械化登陆艇。

上图:在支援"持久自由"行动期间,美国海军"黄蜂"号通用两栖攻击舰(LHD1)正在航行途中接受"供给"号补给舰的海上加油。"黄蜂"号所搭载的飞机包括AV-8B型攻击机和CH-53"超级种马"直升机。

合在一起拼出了5个舰体和上层建筑模块,然后将这些模块在陆地上连接起来。采用这种施工技术,战舰有3/4的部分是在下水后完成的。此外,"巴丹"号还是第一艘可以容纳女性舰员和海军陆战队员的两栖攻击舰,战舰上总共提供了450名女军官、士兵和海军陆战队员的铺位以及其他生活设施。

"美国"级

2012年6月,美国新一代两栖攻击舰LHA(R)首舰"美国"号正式下水,它将是新世纪美国海军两栖攻击舰的主力。"美国"级最大特点就是装备有F-35B隐身垂直/短距起降战斗机,空中打击能力增强,作战能力甚至超过了一般国家的航空母舰,堪称不是航母的"航母"。

美国海军从2001年起开始考虑新一代两栖攻击舰,以替代已经老旧的"塔拉瓦"级。2007年"美国"号的建造合同签署,金额超过20亿美元,2012年6月首舰正式下水,第一批预计建造4艘,而美国打算最终建10艘"美国"级两栖攻击舰。"美国"级是"黄蜂"级放大版,排水量达4.5万吨。

"美国"级的整体布局与"黄蜂"级相同,基本上就是"黄蜂"级的放大型,主要变化是它的飞行甲板的尺寸比"黄蜂"级要大,采用更长、更宽的甲板以便容纳尺寸更大的舰载机。"美国"级的甲板上有6个起降点,其中4个可以起降V-22倾翼机,左右两舷各有一个舷侧升降机,它的满载排水量达到了4.5万吨,吃水增加到9米左右。而"黄蜂"级为4万吨,吃水8.1米。由于F-35B和V-22也需要更大的停放、维护空间,训练和作战的时候消耗的燃料和弹药更多。

所以"美国"级进一步放大了机库和油库、弹药库的面积,其机库在正常情况下可以停放8架F-35B作战飞机。为了腾出内部空间,同时避免"美国"级的尺寸和吨位进一步放大,控制成本,"美国"级取消了"塔拉瓦"级和"黄蜂"级上面的坞舱,虽然扩大了机库面积,但它无法使用LCAC气垫登陆艇。

"美国"级常规模式下飞机搭载方案是:6-10架F-35B、12架MV-22、4架CH-53K重型运输直他升机、8架AH-1Z以及2架MH-60特战直升机。

"美国"级无法运送坦克而是通过空中打击对方坦克,因此就失去了投送M1A1主战坦克这样重装备的能力，美国人认为凭借自己强大的空中优势和信息优势，可以迅速为登陆部队提供反坦克火力，消除对方的装甲部队威胁，如果高威胁环境下，则可以与安东尼奥级船坞登陆舰配合作战，不过此举显然破坏了两栖攻击舰的"均衡"装载的概念，降低了其战术运用的灵活，属于为了削减经费的无奈之举，因此美国有可能为后继舰艇再增加坞舱，以便让其具备使用LCAC的能力。

电子及舰载武器方面，"美国"级与"黄蜂"级也基本上相同，舰载雷达包括AN/SPS-48E三坐标对空搜索雷达、AN/SPS-49远程对空警戒雷达、AN/SPS-67对海搜索雷达、空中交通管制雷达、导航雷达及战术空中导航系统，其他可能还包括电子支援侦察系统、干扰火箭发射架及鱼雷诱饵等，舰载战术数据处理系统采用了SYS-2综合防御系统，它可以综合所有舰载电子系统获得的数据，这样就可以产生统一的战场态势图和目标航迹，可以更好地识别敌我和真假目标，然后统一指挥舰载防御系统拦截目标。

为了进一步提高舰艇的防御能力，预计"美国"级还将纳入协同交战能力，可以接收外部信息源，如E-2C预警机可以将相关目标的数据传递过来，"美国"级预先将电子设备和武器对准目标来袭方向，这样进一步提高了对目标的探测和拦截能力，从目前公开的图像来看，"美国"级的舰载武器相对简单，包括8联装"海麻雀"舰空导弹发射架、"海拉姆"近程舰空导弹发射架和Mk15密集阵近程防御系统，这样做的原因主要是控制成本，同时两栖攻击舰这样的舰艇一般都处于编队舰艇的掩护之下，所以也不需要太多的自卫武器。

考虑到本舰需要作为编队指挥舰和两栖作战指挥舰来使用，所以"美国"级配备有较为完善的指挥控制系统，包括协同交战系统、LINK-16数据链、全球广播系统和两栖突击指挥系统和宽频传播系统，并且具备接入美国全球信息网格的能力，具备对战区内三军联合作战进行指挥控制的能力。

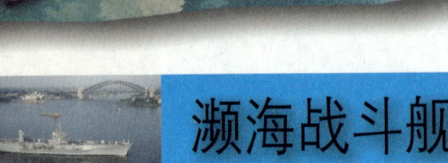

濒海战斗舰

美国海军资料对濒海战斗舰的描述是：一种小型、快速、相对便宜、操纵性强的水面战斗舰，能够安装模块化"即插即战"任务包，如各种空中、水面和水下航行器。核心船员40人；根据不同的任务包和搭载的飞行器，船员可达75人。没有安装任务包的濒海战斗舰就像一辆空卡车，这是其"海上架构"称呼的来源。与美国海军的宙斯盾巡洋舰或驱逐舰等多用途军舰不同，濒海战斗舰是"专注于任务"的军舰——根据任务安装不同的任务包，每次只完成一种主要任务。

该级舰目前的主要任务有：水雷战/反水雷措施；反潜战；反水面战。为了加强作战的灵活性和敏捷性，根据美国海军的计划，濒海战斗舰的任务能力可以通过更换任务包而重新设定，据说可以在24小时内完成任务包的更换。

2004年5月27日，海军将两份合同分别给予两个工业团队——一个由洛克希德·马丁领导，另一个由通用动力领导，分别建造两个版本的濒海战斗舰，每个团队各建造两艘。这两种舰的设计完全不同：洛克希德的特点是半滑行全钢单船体，而上层建筑为铝制；通用动力的特点是全铝的三体船船体和上层建筑。洛克希德团队负责建造LCS-1和LCS-3（LCS-3后来被取消），通用动力团队负责建造LCS-2和LCS-4（LCS-4也被取消了）。洛克希德的LCS-1是由威斯康星州马里内特的马里内特海事公司建造的，可能的建造伙伴还有路易斯安那州洛克波特的波林格船厂，一旦产量提升，该船厂也会分一杯羹。2009年3月23日，美国海军发给洛克希德·马丁公司一笔固定成本激励奖金合同以重启LCS-3——该舰由马里内特海事公司建造，该合同还包括再建造3艘类似"自由"号的濒海战斗舰。同时，通用动力正在亚拉巴马州莫比尔的奥斯托尔船厂建造自己的濒海战斗舰。

"自由"号2008年11月交付使用，"独立"号2010年交付使用。

美国海军制订了雄心勃勃的长期计划，要采购55艘濒海战斗舰，很大一部分采用"自由"号的设计。

本图：2008年8月28日，"自由"号在密歇根湖进行海试时拍摄的照片。濒海战斗舰起源于冷战期间的小型高速舰艇，20世纪90年代进一步发展。无论安装何种任务包，"自由"号都要能够在世界上任何地区独立部署。

左图:"独立"级濒海战斗舰是美国海军建造的濒海战斗舰的一种,由通用动力公司和奥斯塔公司建造。第一艘已经开始服役,第二艘和第三艘也正在建造之中,预计与"自由"级共计建造55艘。主要用于全球沿海水域作战,是一种快速、机动、吃水浅的水面舰艇,具有高度的自动化设计,舰员编制将控制在100人以内。该舰的舰体将采用模块化结构。

跨页图:"自由"号在密歇根湖进行海试时拍摄的照片。

左图:"自由"号用于起降直升机和无人机的大型飞行甲板提高了任务灵活性。

技术规格

尺寸

排水量：满载排水量 3089 吨

船身尺寸：115.3 米 × 17.4 米 × 4.1 米

武器系统

导弹：1 部 RAM Mk49 21 联装发射器，可发射 RIM-116 旋转弹体导弹

火炮：1 门 57 毫米 MK110 机关炮

飞行器：两架 MH-60R/S "海鹰"直升机，或者 1 架 MH-60 和 3 架 "火对抗措施：力侦察兵"垂直起降战术无人机

探测器：WBR-3000 电子支援/电子情报系统，两部软杀伤武器系统/箔条诱饵发射装置

作战系统：1 部欧洲宇航防务集团（EADS）的 TRS-3D 空中/海面搜索/目标指示雷达，导航阵列

推进系统：COMBATSS-21 作战管理系统，开放式架构使其可以兼容各种任务模块，集成通信套装

机械设备：柴燃联合动力。两台总功率 72 兆瓦的劳斯莱斯 MT30 燃气轮机，两台总功率 12.8 兆瓦的费尔班克斯·莫尔斯公司的柯尔特—皮尔斯蒂克 16PA6B 柴油发动机。最大机械输出 113710 马力，采用罗尔斯·罗伊斯 "卡瓦" 153SII 喷水推进器

速度与航程：设计最大时速 40 节（海试时超过了 47 节）。以 18 节的速度可航行 3500 海里

其他细节：可为 75 名船员提供住宿。核心船员少于 50 人，另有 25～30 人根据任务而定

两栖突击车

目前美国海军部队所使用的两栖突击车是于20世纪70年代开始服役的LVTP-7，1985年更名为两栖突击人员车辆（AAVP-7A1）。两栖突击人员车辆是一种装甲履带攻击车辆，用来把海军陆战队员从船上运送到岸上，并送入陆地。由于这种车辆是装甲车辆，所以能在陆地上起到和M2A1步兵战车相同的作用，尽管其装甲更薄一些，且这种更脆弱的装甲使它更容易受到敌军炮火的伤害。这种车辆还能执行运送货物和救护任务。由于两栖突击人员车辆主要生产于20世纪60年代后期到70年代早期，所以尽管在1986年进行了延期服役改造，但还是需要更新换代。由于被很多出现的问题所困扰，新的先进两栖突击车在2007年以前没有进行生产，今后一段时期也无法完全开发出该车辆的全部作业能力。海军陆战队需要花费大约70亿美元购买上千辆新的两栖突击车。

本图：美国和韩国军队在"雏鹰行动2000"中，在韩国浦项附近的"笃锡里"（Tok So Ri）海滩附近进行联合两栖登陆。

技 术 规 格

数据：AAVP-7A1
速度：陆地 20~30 千米／小时，海上 6 千米／小时
范围：陆地 25 英里／小时可航程 300 英里，在海上可作业 7 小时
船员：3 名
装备：1 挺 Mk.19 型 40 毫米通用机枪；1 挺 0.5 英寸口径通用机枪
承载能力：21 名全副武装的战斗人员或 10000 磅货物

技 术 规 格

数据：高级 AAV
速度：陆地 45 千米／小时，海上 25 节（最大）
范围：陆地 25 英里／小时可航程 300 英里，海上 20 节速度可航程 65 海里
船员：3 名
装备：1 门"大蟒蛇"II 30 毫米机关炮；M240 7.62 毫米通用机枪
承载能力：17 名战斗装备人员

右图："惠特贝湾"号和"波里夫波特"号（LPD-12）装载两栖突击车在加利福尼亚海岸进行的军事演习中冲向海滩。

"拉萨尔"级

"拉萨尔"级的单一船只被用于组建AGF-3，目前是指挥舰。但同时"拉萨尔"号是1962—1963年间开始服役的美国最后一艘锐雷级LPD。LPD-3最初的船只由纽约海军造船厂建造，由登陆舰和飞机把两栖攻击部队部署到地方海岸上，因此这和之前几艘特种船只单独执行任务的情况完全不同。随后在宾夕法尼亚州的费城海军基地，拉萨尔被改装成现在的指挥控制舰。重大改变包括为舰长和船员建造工作和生活区，并且安装合适的雷达和指挥控制系统。"拉萨尔"只携带防御性武器，主要以密集阵近程防御武器系统为主，还有诱导导弹的干扰丝投射器，以及各种机关枪架。该战舰还配有直升机平台供那些通常只有一位飞行员的飞机起落。现在，拉萨尔是美国第6舰队指挥官的旗舰，通常在地中海地区行动，但最近被部署到印度洋。该级别战舰的母港是意大利的Gaeta。

技术规格

长度：520英尺

排水量：14650吨（满载）

速度：20节

船员：440名军官和船员

装备：2个密集阵近程防御武器系统，4个通用机枪架，2门火炮

飞机：1架轻型单人直升机

"科罗拉多"级

"科罗拉多"级别的单舰开始是作为"奥斯汀"级（LPD）之一出现的。在20世纪60年代中期到70年代早期，"奥斯汀"级由洛克希德造船厂建造，用以取代日渐老化的"锐雷"级LPD舰。"科罗拉多"级最初被设计为LPD-11，但在1980年10月被命令改装成AGF，以暂时替代当时进行整修的"拉萨尔"（AGF-3）。对"科罗拉多"号（AGF-11）的改装是由宾夕法尼亚州的费城海军基地完成的。现在"科罗拉多"被指派为舰队指挥官和船员们提供通信系统和生活设施。AGFII配备有近程防御武器系统、对空对地雷达、干扰丝发射器以及各种电子战系统。与拉萨尔类似的是，"科罗拉多"也作为旗舰——第3舰队的旗舰，并在大西洋服役，其母港是加利福尼亚的圣迭戈。

上图：辅助指挥舰"科罗拉多"号返回大海，该舰正在参加 RIMPAC'98 军事演习，这是在太平洋举行的大型多国海上军事演习。

技 术 规 格

长度：570 英尺
排水量：16912 吨（满载）
速度：21 节
船员：516 名军官和船员
装备：2 个密集阵近程防御武器系统，2 挺 12.7 毫米机枪
飞机：2 架轻型直升机

其他舰艇
Other Vessels

尽管大型战舰是任何现代海军的基础,但海上战争的复杂性要求必须有大量的小型舰艇的支持。这些小型舰艇可以分为如下几类:扫雷舰——在海岸线和内陆水道作业的小型巡逻艇;大量的大型战斗支援舰——这些舰艇通过为战舰供应燃料、弹药、食品等物资,保证战舰能继续执行任务。美国海军还有自己的特种部队,这些特种部队可以利用小型舰艇深入战区并撤离。本部分还涵盖了两种其他类型的舰艇——修护救援船以及考察船。

深潜救生艇

1963年,"长尾鲨"号(Thresher)潜艇失事,所有艇员遇难,导致美国海军认识到深潜救生艇(DSRV)的重要性。当时的问题是潜艇的潜深是任何救援潜水员无法达到的。随后,海军开始实施深水系统项目,并且和洛克希德导弹和空间公司一同进行研发工作。两艘深潜救生艇中的第一艘"迈斯蒂克"号(DSRV-1)于1970年正式下水,随后是第二艘"阿瓦龙"号(DSRV-2)。深潜救生艇可以被大型卡车、船只、飞机或装在改装攻击潜艇艇体上迅速运送到任何事故地点。在事故地点,深潜救生艇会部署到水面船只或潜艇上。深潜救生艇可以深入极深的水域,利用声呐搜索目标位置。深潜救生艇还拥有船坞系统,能把自己固定到受损潜艇的舱口上,使艇员逃生,每批可装载24人。为了方便救援,DSRV还装备有武器,以清理遮盖舱口的残骸和障碍物。此外,还装备有联合电缆切割器和提升能力达1000磅的夹具。尽管深潜救生艇的主要任务是帮助美国海军潜艇,但如果政府认为有必要,也会支援外国船只。

技术规格

长度:49英尺
排水量:38吨
速度:4节
船员:2名驾驶员和2名救援人员
最大潜水深度:5000英尺
乘客:24名(最多)

右图:美国"洛杉矶"级潜艇"拉霍亚"号(SSN-701)装载着深潜救生艇"迈斯蒂克"号,在参加潜艇救援演习时开出佐世保港口,日本海岸警备队执行护卫任务。

军事海运司令部

美国海军并不会直接参与指挥众多的后勤和支援船只，而是把这些都交给了名为军事海运司令部（MSC）的组织。军事海运司令部所属的船只大多不装备武器，而且船员也基本都是平民，但通常会被认为隶属于美国海军。一般情况下，军事海运司令部有大约70艘船在世界各地航行，多数是油轮及各种各样的货船，在有危机发生的时候数量还会增加。军事海运司令部有4个主要的职责：首先，预置。在各个潜在的危机地区附近放置并维护海军陆战队、空军、海军、陆军的装备，主要基地位于地中海、印度洋的迭戈加西亚，以及太平洋的关岛。其次，紧急海运。这些船只大多停靠在美国本土，并用来在发生危机的时候向世界各地运送重装备。再次，特种任务船只，包括从铺设和维修海底电缆到海洋勘探的特种船只。最后，海军舰队辅助部队（NFAF），

本图："西雅图"号从日本舰队支援舰"常磐"号（AOE-423）上接收燃料。

可以直接支持军事行动。海军舰队辅助部队包括医药船、快速战斗支援舰、补给舰、拖船以及补给油轮。尽管军事海运司令部是美国海外军事后勤支持的脊梁，但美国海军也有自己的类似的小型舰队，其中包括一艘"基鲁埃伊"级军火船"胡德山"号（AE-29）、"补给"级和"萨克拉门托"级的快速战斗支援舰（AOE），以及舷号AS的"斯皮尔"级核潜艇维修供应船。

技 术 规 格

数据："基鲁埃伊"级军火船
长度：564 英尺
排水量：18088 吨（满载）
速度：超过 20 节
船员：17 名军官，366 名其他职衔的人员
装备：2 个密集阵近程防御武器系统
飞机：两架 CH-46 "海骑士"直升机

技 术 规 格

数据："补给"级快速战斗支援舰
长度：754 英尺
排水量：48800 吨（满载）
速度：25 节
船员：40 名军官，627 名其他职衔的人员
装备：2 个密集阵近程防御武器系统；北约海麻雀舰对空导弹；2 门 25 毫米机关炮
飞机：3 架 CH-46 "海骑士"直升机

技 术 规 格

数据："萨克拉曼"多级快速战斗支援舰
长度：793 英尺
排水量：53000 吨（满载）
速度：26 节
船员：24 名军官，576 名其他职衔的人员
装备：2 个密集阵近程防御武器系统 北约"海麻雀"舰对空导弹
飞机：3 架 CH-46 "海骑士"直升机

技 术 规 格

数据："斯皮尔"级潜艇维修供应船
长度：644 英尺
排水量：23493 吨（满载）
速度：20 节
船员：97 名军官，1266 名其他职衔的人员
装备：2 门 40 毫米机关炮，4 门 20 毫米机关炮

上图：澳大利亚皇家海军"成功"号（AOR-304）与"埃塞克斯"号并排航行进行海上补给。当两艘船一起穿越赤道的时候，"成功"号输送了超过330000加仑的各种燃料给"埃塞克斯"号。

右图："迪尔"号（T-AO193）与"尼米兹"号并排航行，进行在航补给。

上图：在快速战斗支援舰"萨克拉门托"号传输燃料和给养的时候，一位航空军械师值守在"佩里里"号上的20毫米机炮观望台。远处背景是一艘提康德罗加级导弹巡洋舰"菲律宾海"号，该舰正在为两艘进行海上补给行动的战舰提供防空和保护。3艘军舰都在执行"持久自由行动"。

左图：美国海军辅助供应船"桥"号带领（从右开始）"埃利奥特"号、加拿大海军船只HMCS"温哥华"号（CPF-331），以及美国海军导弹巡洋舰"罗亚尔港"号（CG-73），一起执行支持"持久自由行动"军事任务，与斯坦内斯战斗群一起航行在海上。

"鱼鹰"级

20世纪80年代,美国海军开始检查并升级其反鱼雷力量,主要致力于新一代的扫雷直升机和两个级别的扫雷舰,这是近30年来在美国建造的第一种大型扫雷艇。新型扫雷舰之一被命名为"鱼鹰"级海岸扫雷舰(MHC)。这种扫雷舰装备有常规扫雷设备以及强大的切割器,能够遥控破坏锚泊和沉底水雷。该扫雷艇利用声呐和视频系统来定位潜在目标。佐治亚州萨瓦那的美国英特马林公司得到了MHC-51、52、55、58~61的造船合同,密西西比海湾港的埃文戴勒工业公司得到了MHC53、54、56、57的造船合同。该级别的首"鱼鹰"号(MHC-51)于1993年11月20日下水,与其姊妹艇一样,它的船体采用的是加强玻璃塑钢。美国海军有12艘"鱼鹰"级MHC,10艘基地在得克萨斯的英格尔赛德(MHC-51~59,62),另外两艘被部署在海外。"红雀"号和"渡鸦"号被部署在巴林的麦纳麦,这反映出中东和波斯湾地区局势的不稳定。"鱼鹰"级海岸扫雷艇具有15天的自持力。

上图:军事海运司令部导弹监视舰"观察岛"号(T-AGM23)泊在珍珠港海军基地。"观察岛"号在过去几十年中为众多美国海军武器提供了实验台。

技术规格

长度:188英尺
排水量:893吨(满载)
速度:超过10节
船员:5名军官;46名其他职衔的人员
装备:2挺0.5英寸口径机枪

"复仇者"级

20世纪80年代初期,美国海军全面考察其日益老化的反水雷力量,随着扫雷直升机以及"鱼鹰"级海岸扫雷艇的出现,"复仇者"级远洋扫雷舰的概念逐渐浮出水面。在两伊战争期间,阿拉伯湾充斥的各种水雷威胁到西方国家的石油运输,这使得对反水雷力量进行全面检修的需要日益迫切。新型反水雷舰的建造任务交给了两家公司:威斯康星州鲟鱼湾的彼得森造船厂,以及威斯康星州马里奈特海事公司。扫雷舰的舰体采用包裹玻璃纤维的木质结构,并且装备有声呐和视频阵列来探测水雷,这样就可以通过常规电缆切割方式和遥控装置进行扫雷。该级别的首舰"复仇者"(MCM-1)于1983年9月12日下水,之后陆续有13艘舰下水,最后3艘订购于1990年。大多数该级别扫雷舰的母港设在得克萨斯州的英格尔赛德(MCM-1~4,6,8~11,14),该基地同时也是海岸扫雷艇的母港。4艘"复仇者"级在海外服役:"保护者"号(MCM-5)和"爱国者"号(MCM-7)的基地位于日本的佐世保,"热情"号(MCM-12)和"机警"号(MCM-13)被前进部署到波斯湾的巴林麦纳麦。"复仇者"号(MCM-1)和"保护者"号远洋扫雷舰在1990年和1991年的"沙漠盾牌"和"沙漠风暴"行动中发挥了重要作用。

技 术 规 格

长度:188英尺
排水量:893吨(满载)
速度:超过10节
船员:5名军官;46名其他职衔的人员
装备:2挺0.5英寸口径机枪

上图：甲板人员从舰队辅助军火船"贝克山"号（T-AE34）上搬运货物，军火同时被直升机吊运到"杜鲁门"号航母的飞行甲板上。

上图：第20特种艇小队驾驶着海军特种战斗艇11米刚性船体充气艇靠近"什里夫波特"号来接海豹突击队。

上图：一辆隶属于得州虎德堡第一骑兵师的悍马车正离开"赛德尔门"号（T-AKR 299）。

"旋风"级

现在的海岸巡逻艇（PC）只有一种，那就是"旋风"级艇。这种船艇的设计目的是为了执行两种军事任务：其一是为了直接保护美国海岸线、海岸水域、港口和航线，其二是为了执行监控任务。海岸巡逻艇与美国海岸卫队在反毒品和反恐怖巡逻任务中联合完成了这些使命。"旋风"级主要以英国制造的为埃及海军联合服务的"斋目"级巡逻艇为基础，尽管美国的"旋风"级在外形上有很大不同。这一级别的巡逻艇的排水量更大、更长，巡逻范围也更大（12节速2500英里，而"斋目"级则是18节速1600英里）。还要求"旋风"级的上层结构应装备的装甲达到1英寸厚度。在美国的建造工作由Bollinger造船

下图：海岸巡逻艇"和风"号（PC-8，后左）、"暴风"号（PC-7，后右）以及"飓风"号（PC-3，前右）停泊在加利福尼亚的圣迭戈海军基地。

厂完成，该造船厂建造了14艘该级别的巡逻艇，都以强气流命名。但是，该级别的同名船只"旋风"号（PC-1）并不属于海军，而是于2000年2月28日交给了海岸警卫队。剩下的船只基地位于弗吉尼亚利特尔克里克的海军两栖基地（PC-2、5、6、9~15）以及加利福尼亚的圣迭戈（PC-3、4、7和8）。所有这些海岸巡逻艇都受海军特种部队指挥。

本图：旋风级海岸巡逻艇是美国海军巡逻艇的一种，这些舰艇的主要任务是沿海巡逻和拦截监视，也提供了海豹突击队和其他特种作战部队的任务支持。已退役的舰艇让给美国沿海警卫队和菲律宾继续使用。这些船为海军特种作战司令部提供了快速，可靠的平台，可以在低烈度冲突环境中应对紧急需求。截至 2012 年，大部分的船只都被部署到波斯湾，以应对与伊朗潜在的冲突。

技 术 规 格

长度：170 英尺
排水量：331 吨（满载）
速度：35 节
船员：4 名军官，24 名其他级别的人员
装备：一挺 Mk.96 型 25 毫米机枪，一门 Mk.38 型 25 毫米机枪，5 挺 0.5 英寸口径机枪，2 个 Mk.19 型 40 毫米榴弹发射器，2 挺 M60 机枪

"保卫"级

　　打捞救援船"保卫"级被用以支持并替代建造于20世纪70年代并最终1996年退役的三种"伊登顿"级船只。"保卫"级事故打捞船有4个主要任务：帮助搁浅船只入水、从深海中捞出物品、拖拽无法移动的船只到安全地带，以及帮助人员潜水（最深190英尺）。由于在船前部和中部还装备有火灾监控设备，所以这种船只还具有救火能力。这些设备可以利用海水和泡沫来应对任何形式的火灾，并且该船的储藏舱中的设备还能帮助泵水、修补船体以及发电。首船"保卫"号（ARS-50）于1985年8月16日入水，该级别共4艘船只都由彼得森造船厂建造，采用被覆的全钢船体，8节航速可达8000英里，其起重传

下图：母港为诺福克的救援打捞船"勾篙"号（ARS-53）正在进行接收试航。

动装置包括7.5吨吊力的前吊杆和40吨吊力的后吊杆。该级船的母港位于夏威夷州的珍珠港（2艘）以及弗吉尼亚州的利特尔克里克（2艘）。尽管"保卫"级主要用于救援部署于世界各地的美国海军和政府船只，但如果任务符合美国利益，同时也会帮助一些外国船只。近年来，事故打捞船也参与了一些海上空难救援任务。

技术规格

长度：255 英尺

排水量：3282 吨（满载）

速度：14 节

装备：2 挺 0.5 英寸口径机枪，2 挺 Mk.38 型 25 毫米机枪

下图："保卫"级（ARS-50）的艇艉图，该船正在干船坞准备进行大修和维护。

上图：在辅助救援打捞船"抓紧"号（ARS-51）上进行的救火演习中，一级军需官卡斯·沙舒尔勒（Cass Shuschuller）穿上他的防火装备服。

刚性船体充气艇

美国海军现役的最小型船只中，刚性船体充气艇（RHIB）主要用于运送小型特种部队（主要是海豹突击队）到敌方海岸进行渗透和撤离。对于这种任务，首要的是速度和具备全天候能力。刚性船体充气艇装备两具卡特彼勒3126DITA涡轮增压，中冷式6缸柴油发动机，最大速度可达40节。为了增加其航海能力，RHIB采用了复合材料，以及加强纤维充气管船舷，极大提高了浮力。这些船只能在最恶劣的海上条件下工作，可以应对速度达45节的海风，尽管实际上海军在海风时速达到34节以上时就无法执行战斗任务。刚性船体充气艇可以被部署到很多种大型战舰上，尤其是两栖战舰，活动范围最大可达200海里，这样，其母舰与目标就有了极佳的安全距离。尽管主要用于海豹突击队的秘密行动，但刚性船体充气艇也可以被用来作为内河和海岸巡逻船只，尤其适用于只能容纳两艘甚至更少船只的内陆水域。

技 术 规 格

长度：35 英尺 11 英寸
排水量：17400 磅（满载）
速度：超过 40 节
船员：3 人
装备：一挺 7.62 毫米 M60 机枪；1 挺 M2 型 0.5 英寸口径机枪；1 架 Mk.19 型 40 毫米自动手榴弹发射器

巡逻艇

美国海军有三种级别的应急艇（YP）——YP6-54、YP-676及YP-696级。YP-676、YP-696级实质上是完全相同的，并且比YP-654级大。所有这些类型的船只都承担训练和研究任务。以前，应急艇主要在马里兰州安纳波利斯的美国海军学院以及佛罗里达州彭萨科拉预备军官学校使用。这些船只被用来教授海军学校的学生和预备军官们海上技能、基本掌控损失能力及航海技能。应急艇也可以由基地位于华盛顿基波特的海军水下战斗中心分部人员驾驶。利用这一船只，可以完成从测量水下目标和鱼雷噪声到在鱼雷测试中统计声音目标、利用仪器测量海水成分和温度的任务。YP-654由史蒂芬兄弟公司和伊丽莎白城造船厂建造，而YP-676和YP-696由彼得森造船厂和马里内特造船公司建造。所有船只都是木质船体、铝制上层结构，采用12V-71N型底特律柴油机驱动双螺旋桨。所有这些船只的最大航程都能达到1800海里，但在良好条件下，它们可以在5天内以12节的航速不加油航行1400海里。

技术规格

数据：YP-654 级	数据：YP-676 和 YP-696 级
长度：81 英尺	长度：108 英尺
排水量：66 吨（满载）	排水量：不明
速度：12 节	速度：12 节
范围：1800 海里（最大）	范围：1800 海里（最大）
船员：2 名军官；8 名其他职衔的人员	船员：2 名军官，4 名其他职衔的人员
承载能力：50 人（最多）	承载能力：50 人（最多）

Mk.V型特种作战艇

这些快速、轻型船的设计目的是把美国特种部队送入和撤离那些对任何执行特种任务的部队都可以构成一定威胁的环境。购买Mk.V型的项目受到美国特种作战司令部的特种行动采购执行委员会的监督，并在签订最初的建造合同后，仅花费18个月就建造完成第一艘该级别的特种作战艇。Mk.V型主要由美国海军海豹突击队使用，是隶属于海军特种战争特种艇中队的众多特种艇之一。这些作战艇可以在短时间内被部署到世界上的任何地区，并且可以由货运飞机、两栖战斗舰运送到任一行动地点，如果行动地点在它们停靠的基地附近，它们也可以自行抵达。Mk.V型艇通常组成包括2艘艇的分遣队，包括各自的船员和支援部分。这些分遣队随时准备在接到通知后的48小时内抵达目的地，如果情况危急，甚至可以在24小时内抵达。在行动中，它们可以岸上设施、有甲板的船只或装备有合适的起重机和充足甲板空间的水面船只为基地。除了渗透—撤离任务外，这种艇还可以被用来在海岸和内陆水域执行日常巡逻、监控、和查禁任务。

技术规格

长度：82英尺
排水量：57吨
速度：50节

本图：一架隶属于HCS-4"红狼"直升机战斗搜索救援／特种作战支持中队的HH-60H"海鹰"直升机部署海豹突击队员到Mk.V攻击艇上。

考察船

美国海军拥有很多不配备武器，可进行水面和水下作业的船只，分为有人和无人两种，用来进行海洋研究和对新设备的评估性试航。NR-1深海潜艇的任务是进行深海地理勘探、海底地图测绘、搜索和救援以及安装水下设备。尽管能在作业地点停留很长时间，但考察船必须由母船拖到作业区。"海豚"号（AGSS-555）是海军唯一的一艘柴油动力深海潜艇，用于设备评估、海洋勘探以及武器试验。"海豚"号主要用于新技术实验，可以携带多达12吨设备，母港是圣迭戈。尽管它是海军船只，但也被用来进行民用和科学研究工作。LSV-2（大型船只2）在2000年11月被命名为"杀手"号，这是一艘无人驾驶的潜艇，主要作为潜艇技术的实验平台。该艇可进行隐形、水动力、水声、推进系统的测试和实验，取得的成果未来可能被美国海军潜艇使用。该艇的基地在爱达荷州的声学研究分部，并由美国海军战争研究中心卡德洛克分部直接指挥，在庞多雷湖进行作业。"海麻雀"是由海军、高级研究项目机构以及洛克希德导弹和空间系统公司联合研制的水面船只。该船采用的是双体结构设计，具有隐形特点，被用来对高端技术进行测试，比如控制、自动操作以及适航性技术。

技 术 规 格

数据："海豚"号
长度：165 英尺
排水量：950 吨（满载）
潜水深度：3000 英尺
船员：5 名军官，46 名其他职衔的人员，5 位科学家
下水日期：1968 年 8 月 17 日

数据："海麻雀"
长度：164 英尺
排水量：560 吨（满载）
船员：10 名军官和其他职衔的人员

数据：LSV-2——大型船2
长度：111 英尺
排水量：205 吨

数据：NR-1 深水潜水艇
长度：567 英尺
排水量：400 吨
速度：4 节（潜水）
潜水深度：2375 英尺
船员：2 名军官，3 名其他职衔的人员，2 位科学家
开始服役日期：1969 年 10 月 27 日

 ## 附录：当代美国海军主力舰艇

航母

CVN–78	"杰拉德·R. 福特"号	CVN–72	"亚伯拉罕·林肯"号
CVN–79	"约翰·F. 肯尼迪"号	CVN–73	"乔治·华盛顿"号
CVN–80	未命名	CVN–74	"约翰·C. 斯坦尼斯"号
CVN–68	"尼米兹"号	CVN–75	"哈瑞·S. 杜鲁门"号
CVN–69	"德怀特·D. 艾森豪威尔"号	CVN–76	"隆纳·里根"号
CVN–70	"卡尔·文森"号	CVN–77	"乔治·H.W. 布什"号
CVN–71	"西奥多·罗斯福"号		

巡洋舰

CG–47	"提康德罗加"号	CG–61	"蒙特里"号
CG–48	"约克城"号	CG–62	"切斯劳维尔"号
CG–49	"文森斯"号	CG–63	"考彭斯"号
CG–50	"福吉谷"号	CG–64	"葛底斯堡"号
CG–51	"托马斯·S. 盖茨"号	CG–65	"乔辛"号
CG–52	"邦克山"号	CG–66	"顺化市"号
CG–53	"莫比尔湾"号	CG–67	"希洛"号
CG–54	"安提坦"号	CG–68	"安齐奥"号
CG–55	"莱特湾"号	CG–69	"维克斯堡"号
CG–56	"圣哈辛托"号	CG–70	"伊利湖"号
CG–57	"张伯伦湖"号	CG–71	"圣乔治角"号
CG–58	"菲律宾海"号	CG–72	"维拉湾"号
CG–59	"普林斯顿"号	CG–73	"皇家港"号
CG–60	"诺曼底"号		

驱逐舰

DDG–1000	"朱姆沃尔特"号	DDG–53	"约翰·保罗·琼斯"号
DDG–1001	"迈克尔·蒙苏尔"号	DDG–54	"柯蒂斯·威尔伯"号
DDG–1002	"林登·约翰逊"号	DDG–55	"斯托特"号
DDG–51	"阿利·伯克"号	DDG–56	"约翰·S. 麦凯恩"号
DDG–52	"巴里"号	DDG–57	"米彻尔"号

DDG-58	"拉邦"号	DDG-88	"霍雷贝尔"号
DDG-59	"拉塞尔"号	DDG-89	"马斯廷"号
DDG-60	"保罗·汉密尔顿"号	DDG-90	"查菲"号
DDG-61	"拉梅奇"号	DDG-91	"平克尼"号
DDG-62	"菲茨杰拉德"号	DDG-92	"莫姆森"号
DDG-63	"斯特西姆"号	DDG-93	"钟云"号
DDG-64	"卡尼"号	DDG-94	"尼采"号
DDG-65	"本福尔德"号	DDG-95	"詹姆斯·E.威廉斯"号
DDG-66	"冈萨雷斯"号	DDG-96	"班布里奇"号
DDG-67	"科尔"号	DDG-97	"哈尔西"号
DDG-68	"沙利文"号	DDG-98	"福里斯特·舍曼"号
DDG-69	"米利厄斯"号	DDG-99	"法拉格特"号
DDG-70	"霍珀"号	DDG-100	"基德"号
DDG-71	"罗斯"号	DDG-101	"格里德利"号
DDG-72	"马汉"号	DDG-102	"桑普森"号
DDG-73	"迪凯特"号	DDG-103	"特鲁斯顿"号
DDG-74	"麦克福尔"号	DDG-104	"斯特雷特"号
DDG-75	"唐纳德·库克"号	DDG-105	"杜威"号
DDG-76	"希金斯"号	DDG-106	"史托戴尔"号
DDG-77	"奥凯恩"号	DDG-107	"格雷夫利"号
DDG-78	"波特"号	DDG-108	"韦恩·E.迈耶"号
DDG-79	"奥斯卡·奥斯汀"号	DDG-109	"贾森·邓汉"号
DDG-80	"罗斯福"号	DDG-110	"威廉·P.劳伦斯"号
DDG-81	"温斯顿·S.丘吉尔"号	DDG-111	"斯普鲁恩斯"号
DDG-82	"拉森"号	DDG-112	"迈克尔·墨菲"号
DDG-83	"霍华德"号	DDG-113	"约翰·芬号"号
DDG-84	"巴尔克利"号	DDG-114	"拉夫·詹森"号
DDG-85	"麦坎贝尔"号	DDG-115	"拉斐尔·比拉达"号
DDG-86	"肖普"号	DDG-116	"汤马士·哈德拿"号
DDG-87	"梅森"号		

潜艇

SSGN-726	"俄亥俄"号	SSBN-731	"亚拉巴马"号
SSGN-727	"密歇根"号	SSBN-732	"阿拉斯加"号
SSGN-728	"佛罗里达"号	SSBN-733	"内华达"号
SSGN-729	"佐治亚"号	SSBN-734	"田纳西"号
SSBN-730	"亨利·M.杰克逊"号	SSBN-735	"宾夕法尼亚"号

SSBN-736	"西弗吉尼亚"号	SSN-696	"纽约城"号
SSBN-737	"肯塔基"号	SSN-697	"印第安纳波利斯"号
SSBN-738	"马里兰"号	SSN-698	"布雷默顿"号
SSBN-739	"内布拉斯加"号	SSN-699	"杰克逊维尔"号
SSBN-740	"罗德岛"号	SSN-700	"达拉斯"号
SSBN-741	"缅因"号	SSN-701	"拉霍亚"号
SSBN-742	"怀俄明"号	SSN-702	"菲尼克斯"号
SSBN-743	"路易斯安那"号	SSN-703	"波士顿"号
SSN-21	"海狼"号	SSN-704	"巴尔的摩"号
SSN-22	"康涅狄格"号	SSN-705	"科珀斯克里斯蒂城"号
SSN-23	"吉米·卡特"号	SSN-706	"阿尔伯克基"号
SSN-774	"弗吉尼亚"号	SSN-707	"朴次茅斯"号
SSN-775	"得克萨斯"号	SSN-708	"明尼阿波利斯"号
SSN-776	"夏威夷"号	SSN-709	"海曼·G.里科弗"号
SSN-777	"北卡罗来纳"号	SSN-710	"奥古斯塔"号
SSN-778	"新罕布什尔"号	SSN-711	"旧金山"号
SSN-779	"新墨西哥"号	SSN-712	"亚特兰大"号
SSN-780	"密苏里"号	SSN-713	"休士顿"号
SSN-781	"加利福尼亚"号	SSN-714	"诺福克"号
SSN-782	"密西西比"号	SSN-715	"布法罗"号
SSN-783	"明尼苏达"号	SSN-716	"盐湖城"号
SSN-784	"北达科他州"号	SSN-717	"奥林匹亚"号
SSN-785	"约翰·沃纳"号	SSN-718	"火奴鲁鲁"号
SSN-786	"伊利诺伊"号	SSN-719	"普罗维登斯"号
SSN-787	"华盛顿"号	SSN-720	"匹兹堡"号
SSN-788	"科罗纳多"号	SSN-721	"芝加哥"号
SSN-789	"印第安纳"号	SSN-722	"基韦斯特"号
SSN-790	"南达科他"号	SSN-723	"俄克拉荷马城"号
SSN-791	未命名	SSN-724	"路易斯维尔"号
SSN-688	"洛杉矶"号	SSN-725	"海伦娜"号
SSN-689	"巴吞鲁日"号	SSN-750	"纽波特纽斯"号
SSN-690	"费城"号	SSN-751	"圣胡安"号
SSN-691	"孟菲斯"号	SSN-752	"帕萨迪纳"号
SSN-692	"奥马哈"号	SSN-753	"奥尔巴尼"号
SSN-693	"辛辛那提"号	SSN-754	"托皮卡"号
SSN-694	"格罗顿"号	SSN-755	"迈阿密"号
SSN-695	"伯明翰"号	SSN-756	"斯克兰顿"号

SSN-757	"亚历山德里亚"号	SSN-766	"夏洛特"号
SSN-758	"阿什维尔"号	SSN-767	"汉普顿"号
SSN-759	"杰斐逊城"号	SSN-768	"哈特福德"号
SSN-760	"安纳波利斯"号	SSN-769	"托莱多"号
SSN-761	"斯普林菲尔德"号	SSN-770	"图森"号
SSN-762	"哥伦布"号	SSN-771	"哥伦比亚"号
SSN-763	"圣菲"号	SSN-772	"格林维尔"号
SSN-764	"博伊西"号	SSN-773	"夏延"号
SSN-765	"蒙彼利埃"号		

佩里级巡防舰

FFG-7	"奥利弗·哈泽德·佩里"号	FFG-30	"里德"号
FFG-8	"麦金纳尼"号	FFG-31	"斯塔克"号
FFG-9	"沃兹沃思"号	FFG-32	"约翰·L.霍尔"号
FFG-10	"邓肯"号	FFG-33	"贾勒特"号
FFG-11	"克拉克"号	FFG-34	"奥勃雷·费兹"号
FFG-12	"乔治·菲利普"号	FFG-35	"悉尼"号
FFG-13	"塞缪尔·埃里奥·莫里森"号	FFG-36	"安德伍德"号
FFG-14	"塞德兹"号	FFG-37	"克罗姆林"号
FFG-15	"埃斯托钦"号	FFG-38	"柯茨"号
FFG-16	"克利夫顿·斯普拉格"号	FFG-39	"多伊尔"号
FFG-17	"阿德雷德"号	FFG-40	"哈利伯顿"号
FFG-18	"堪培拉号"号	FFG-41	"麦克拉斯基"号
FFG-19	"约翰·A.摩尔"号	FFG-42	"克拉格林"号
FFG-20	"安特里姆"号	FFG-43	"撒奇"号
FFG-21	"弗拉特利"号	FFG-44	"达尔文"号
FFG-22	"法利昂"号	FFG-45	"德·沃特"号
FFG-23	"刘易斯·B.普勒"号	FFG-46	"伦兹"号
FFG-24	"杰克·威廉斯"号	FFG-47	"尼古拉斯"号
FFG-25	"科普兰"号	FFG-48	"范德格里夫特"号
FFG-26	"加勒里"号	FFG-49	"罗伯特·布雷德利"号
FFG-27	"玛伦·S.代尔"号	FFG-50	"泰勒"号
FFG-28	"布恩"号	FFG-51	"加里"号
FFG-29	"斯蒂芬·格罗维斯"号	FFG-52	"卡尔"号

FFG-53	"霍斯"号	FFG-58	"塞缪尔·罗伯茨"号
FFG-54	"福特"号	FFG-59	"考夫曼"号
FFG-55	"埃尔罗德"号	FFG-60	"罗德尼·戴维斯"号
FFG-56	"辛普森"号	FFG-61	"英格拉姆"号
FFG-57	"鲁本·詹姆斯"号		

旋风级海岸巡逻艇

PC-1	"旋风"号	PC-8	"和风"号
PC-2	"暴风雨"号	PC-9	"奇努克风"号
PC-3	"飓风"号	PC-10	"火奴箭"号
PC-4	"季候风"号	PC-11	"龙卷风"号
PC-5	"台风"号	PC-12	"霹雳"号
PC-6	"热风"号	PC-13	"夏马尔"号
PC-7	"暴风"号	PC-14	"狂风"号

独立级濒海战斗舰

LCS-2	"独立"号	LCS-8	"蒙哥马利"号
LCS-4	"科罗纳多"号	LCS-10	"加布里埃尔吉福兹"号
LCS-6	"杰克逊"号	LCS-12	"奥马哈"号

自由级濒海战斗舰

LCS-1	"自由"号	LCS-7	"底特律"号
LCS-3	"沃斯堡"号	LCS-9	"小石城"号
LCS-5	"密尔沃基"号	LCS-11	"苏城"号

黄蜂级两栖攻击舰

LHD-1	"黄蜂"号	LHD-5	"巴丹"号
LHD-2	"埃塞克斯"号	LHD-6	"好人理查德"号
LHD-3	"奇尔沙治"号	LHD-7	"硫磺岛"号
LHD-4	"拳师"号	LHD-8	"马金岛"号

塔拉瓦级两栖攻击舰

LHA-1	"塔拉瓦"号	LHA-4	"拿骚"号
LHA-2	"塞班"号	LHA-5	"佩利洛"号
LHA-3	"贝劳·伍德"号		

圣安东尼奥级两栖船坞运输舰

LPD-17	"圣安东尼奥"号	LPD-23	"安克雷奇"号
LPD-18	"新奥尔良"号	LPD-24	"阿林顿"号
LPD-19	"梅萨维德"号	LPD-25	"萨默塞特"号
LPD-20	"绿湾"号	LPD-26	"约翰·P.默撒"号
LPD-21	"纽约"号	LPD-27	未命名
LPD-22	"圣地亚哥"号		

奥斯汀级船坞登陆舰

LPD-4	"奥斯汀"号	LPD-10	"朱诺"号
LPD-5	"奥格登"号	LPD-11	"科罗纳多"号
LPD-6	"德鲁斯"号	LPD-12	"什里夫波特"号
LPD-7	"克利夫兰"号	LPD-13	"纳什维尔"号
LPD-8	"迪比克"号	LPD-14	"特伦顿"
LPD-9	"丹佛"号	LPD-15	"庞塞"号

哈珀斯费里级船坞登陆舰

LSD-49	"哈珀斯·费里"号	LSD-51	"奥克希尔"号
LSD-50	"卡特霍尔"号	LSD-52	"珍珠港"号

惠德贝岛级船坞登陆舰

LSD-41	"惠德贝岛"号	LSD-45	"康斯托克"号
LSD-42	"日耳曼城"号	LSD-46	"托尔图加"号
LSD-43	"麦克亨利堡"号	LSD-47	"拉什摩尔"号
LSD-44	"冈斯顿厅"号	LSD-48	"阿希兰"号

小弗兰克·S.贝松将军级后勤支援船

LSV-1	"小弗兰克·S.贝松将军"号	LSV-5	"查尔斯·P.格罗斯少将"号
LSV-2	"哈罗德·C.克林杰"号	LSV-6	"詹姆斯·A.路易斯"号
LSV-3	"布里恩·B.萨默维尔将军"号	LSV-7	"罗伯特·T.黑田中将"号
LSV-4	"威廉·B.邦克将军"号	LSV-8	"罗伯特·斯莫尔斯少将"号

先锋级联合高速船

JHSV-1	"先锋"号	JHSV-4	"福尔里弗"号
JHSV-2	"乔克托县"号	JHSV-5	"坚决"号
JHSV-3	"米利诺基特"号		

复仇者级扫雷舰

MCM-1	"复仇者"号	MCM-8	"侦察兵"号
MCM-2	"防御者"号	MCM-9	"先锋"号
MCM-3	"哨兵"号	MCM-10	"勇士"号
MCM-4	"冠军"号	MCM-11	"角斗士"号
MCM-5	"卫士"号	MCM-12	"热心"号
MCM-6	"破坏者"号	MCM-13	"敏捷"号
MCM-7	"爱国者"号	MCM-14	"首席"号

拉尼米德级大型登陆艇

LCU-2001	"拉尼米德"号	LCU-2019	"多纳尔森堡"号
LCU-2002	"肯尼索山"号	LCU-2020	"麦克亨利堡"号
LCU-2003	"梅肯"号	LCU-2021	"大布里奇"号
LCU-2004	"坎德里耶"号	LCU-2022	"哈珀斯费里"号
LCU-2005	"白兰地站"号	LCU-2023	"霍布柯克"号
LCU-2006	"布里斯托站"号	LCU-2024	"霍米格罗斯"号
LCU-2007	"布罗德鲁恩"号	LCU-2025	"马文山"号
LCU-2008	"布埃纳文图拉"号	LCU-2026	"马塔莫罗斯"号
LCU-2009	"卡拉巴扎"号	LCU-2027	"梅卡尼克斯维尔"号
LCU-2010	"锡达鲁恩"号	LCU-2028	"教士岭"号
LCU-2011	"奇克哈默尼"号	LCU-2029	"梅林诺·德拉·雷"号
LCU-2012	"奇克索河口"号	LCU-2030	"蒙特雷"号
LCU-2013	"楚鲁巴斯科"号	LCU-2031	"新奥尔良"号
LCU-2014	"科阿莫"号	LCU-2032	"帕洛阿尔托"号
LCU-2015	"孔特雷拉斯"号	LCU-2033	"保罗斯·霍克"号
LCU-2016	"科林斯"号	LCU-2034	"佩里维尔"号
LCU-2017	"埃尔·凯尼"号	LCU-2035	"哈德逊港"号
LCU-2018	"法布福克斯"号		

LCAC-1级气垫登陆艇

LCAC-1 74